誰說不能從武俠

學物理？

李開周 著

推薦序

閱讀武俠，輕鬆學物理

簡麗賢／北一女中物理教師

談到學物理，不少人的反應是：「物理很難，數學關係式很多，定律和學說讓我一頭霧水。」或是「物理離我很遠，聽到物理，我就覺得那是很神的事。」然而，物理就在我們的身邊，生活處處是物理。即便新聞報導也有物理，電影情節描述運用物理，例如日前新聞報導停留在陽明山將近九小時的彩虹，就是物理學反射與折射造成的自然景觀；中央大學研究團隊發現臺北捷運在跨年時的「雜散電流改變臺北地球磁場」，也與物理學的「電流磁效應」有關；電影《奇蹟男孩》中的片段也出現物理的幾何光學的情節。無庸置疑，物理，確確實實在我們的生活中。

如果我們在教室裡正襟危坐地學物理，聽物理老師在黑板或螢幕上一絲不苟地推導物理關係式，或是字斟句酌、有條不紊地講解物理題目，相信一般人會疑惑：「怎麼有人會喜愛學物理？」

有哪些方式可以輕鬆學物理？看電影、看新聞、運動、旅遊……都是很好的學習方式。現在，李開周先生提供我們一種更另類、更有趣的學物理方式，就是閱讀武俠學物理。例如〈大俠賽跑〉中，從運動學的加速度分析武俠中的「行」，引入運動學分析武俠小說中的「飛快」，是很好的教學題材。提到武俠中「行」的功夫，我自然想到《天龍八部》段譽的「凌波微步」，想到曹植〈洛神賦〉提到「體迅飛鳧，飄忽若神。凌波微步，羅襪生塵。動無常則，若危若安。進止難期，若往若還。」這「凌波微步」和「動無常則，若危若安。進止難期，若往若還」也和物理的分子熱運動及「布朗運動」很接近，或說「動無常則，若危若安。進止難期，若往若還」可以拿來描述「布朗運動」。

再如，書中提到「怎樣在水面上飛奔？」引入慣性、浮力、重力等物理概念解說武俠片中在水面上飛奔的可行性，說理有根據，推論符合邏輯，旁徵博引，可引讀者想到液體表面張力效應，讀來興味盎然。

這本書談到的物理概念包含古典物理和近代物理，例如〈聞其聲不見其人〉是聲波的繞射，〈聽風辨器與都卜勒效應〉也是聲波現象，〈量子穿牆術〉和〈測不準定理〉則是近代物理，這些武俠情節確實呼應「從武俠學物理」。《誰說不能從武俠學物理？》既能讓我們重讀小說情節，又能進入物理世界；閱讀這本書，沒有讓人退避三舍的物理公式，也沒有讓人丈二金剛摸不著頭緒的解題過程，讀來饒富趣味。

推薦序

武俠中讀物理：詩意虛擬與實際世界的精彩連結

李柏翰／臺大物理博士、師大附中物理教師，筆名巴斯

武俠小說裡的世界總是引人入勝，令人充滿遐想，而高手的對決，往往是吸引讀者目光的重要推手，於是乎高手間不乏有了飛天遁地、六脈神劍、凌波微步、乾坤大挪移的絕世武功出爐，翻開小說的讀者讀之無不心神嚮往，好不快活。高手的武功之佳往往令人拍手稱羨，然而絕世武功的有效範圍有時不容易連結上現代科學的知識，例如內功、內力等。

筆者年輕時，曾醉心於金庸系列的小說，而且學術上在二〇〇四年取得臺大物理的理論物理博士學位，也曾發表多篇國際學術期刊物理論文；然這兩大領域，筆者忙碌之餘未嘗加以連結，所以當時報文化出版邀請我給書評意見時，我的眼睛為之一亮，便欣然答應。反覆研讀之後，閱讀的樂趣慢慢湧現，一翻開書就捨不得闔上。閱畢後閉起眼睛心神領會，看到

的是本書作者李開周先生振筆疾書，道出絕世武功與現代物理學之間常常出現的鴻溝，又點出了武俠小說世界所欲表達的意境，以淺顯易懂又優雅的文辭，勾繪出古代各種武功與現代物理公式合理性的批判，又不失其格物致知之理，甚屬難得。

筆者認為實際的世界和詩意的虛擬時空常常有著範圍尺度的落差，再加上古代能夠類比物理學的詞彙，實在是有限，故而有所謂「疾如風，徐如林，侵略如火，不動如山」的比喻，利用自然界的物體形貌加以比較，以速度這個章節，快如閃電恐怕就是一種隱喻，然而李開周先生以實際探究之精神，連結物理的種種實際公式加以判斷，引領讀者看到中學時所研習的物理又再度躍出紙面，這種物理的研讀是愉快的。考試領導教學，冷冰冰的數學證明常常阻絕了讀者和物理知識相互熟悉的機會；而李先生的大作饒具趣味，充滿美感，能夠讓讀者深深思考，武俠世界與物理連結的合理性。

本書的章節分成：〈武俠世界的速度〉、〈武俠世界的力度〉、〈武俠世界的功和能〉、〈武俠世界的聲和光〉、〈電場、磁場、氣場〉、〈凌波微步與量子物理〉及〈小龍女的不老祕訣〉等章節，這和實際物理的四大領域：統計力學、古典物理、量子力學、電磁學的分類互相呼應，可以看見作者的用心。量子物理因為是連結微觀與巨觀的世界，在小說中存在的例子較少，所以當作者點出「雪花這種粉末狀固體是不良導熱體」，連結導熱的微觀計算，便是作者用心收羅萬物的初心。

為了解開武俠小說之謎，嘗試著以實際探究的筆調切入武俠小說中的現代物理學，望文生義，建立連結，這在百家爭鳴的時代，本書的確是一部佳作，說出我心中的物理，吾甚愛之。

推薦序

以趣味穿透物理的神祕面紗

蘇萬生／中正大學物理博士、臺灣科學教育館實驗組薦任編輯

「當神奇武功遇上物理公式」這個醒目標題深深吸引我讀下去，這一定是很有梗的書。眾所周知，物理這門學問覆有一層神祕面紗，艱深難懂的物理公式常常掩蓋了物理的本質，然而物理變化的性質是有趣的。例如〈大俠賽跑〉當中，作者李開周計算了武俠小說《笑傲江湖》中令狐沖小師妹岳靈珊的速度。她在黑夜來回奔波一百二十里，配合實際跑步的計算後，竟然發現速度不過爾爾，這個故事不僅將物理的性質挖掘出來，而且充滿了趣味以及探究求知的精神——如果直接以公式「速度等於距離除以時間」計算，我看學生大概就睡翻了！作者李先生試圖從趣味上開發讀者，這是值得肯定的。

又如〈如果暗器失去慣性〉這一篇道出動量本質，也是令人驚豔；再如〈吸星大法的隱

患〉一文中，作者認真分析其武功的可能性，符合科學研究的精神。雖然吸星大法到底如何練成，即使以現代科學探究，也無人得知，但是所有武俠小說的主角大集合，穿插物理公式，形成了本書賣點。另外，牽涉到時空的問題，例如〈小龍女的不老祕訣〉這章就較難看出關聯性，畢竟物理上時空變化需要接近光速或是質量很大如星球般的物體，才能影響之。

筆者先前任國家高速網路與計算中心副研究員一職，現服務於國立臺灣科學教育館，發表物理期刊論文近五十篇，也喜愛金庸系列的武俠小說；看到李先生試圖將小說中物理一一抓出說明，可見其野心很大。非遍讀群書，無以為繼。最後我以老頑童的心態欣賞此書，故深深推薦之。

開場白

當神奇武功遇上物理公式

這是一本科普書，一部普及物理科學的科普書。

與其他科普書不同的是，這本書要講述的不是物理史話，不是日常生活中的物理常識，也不是借助天體物理和量子物理的理論基礎，來探討星球大戰以及科幻電影中出現的各種黑科技，而是試圖用物理公式來解析武林神功，用江湖世界來演繹物理定律。

比如說，小說中的內力是一種什麼力？電視上的內功是一種什麼功？「青萍渡水」需要多大浮力？「隔山打牛」需要多大功率？人類的速度能否追上奔馬？隔空的劍氣能否致人死地？小龍女的青春永駐與相對論有什麼關係？段譽的凌波微步可不可以拿來解釋量子物理中的「測不準定理」？

江湖世界是虛構的，至於點穴、內力、刀槍不入、傳音入密等神奇武功，更加荒誕不經。但是這個虛構的江湖卻很有趣，很有觀賞價值，很能吸引絕大多數受眾的眼球。所以呢，這本書就用大家最愛看的武俠橋段做成虛擬的靶子，同時把大家最不愛看的物理定律削成利箭，一支又一支射將上去。佛陀有云：「欲令入佛智，先以欲勾牽。」說的就是這個意思。

物理學是一門非常美妙的科學，就在現代科學奠基以來的最近幾百年內，有無數才智卓絕的高手為之添磚加瓦，把這門學科建構成一座高聳入雲的大廈。與此同時，這門學科的很多分支都已經在現實生活中得到廣泛應用，從迴力鏢到原子彈，從避震器到磁浮列車，從手機通訊到量子加密，從小孔成像到核磁共振成像，無一不在改變著我們的生活，使人類世界發生翻天覆地的變化。

不過令人遺憾的是，我們普通人對物理學並不感興趣。是的，物理很美，很有用，可是物理公式太枯燥，物理定律太艱深，物理書上的專業表述太艱澀，一個人如果沒有相關的學術積累，如果沒有經受過長期的數理訓練，實在無法領略物理學的優美和有趣。就像一部偉大的交響樂作品，沒有樂理基礎的朋友無法體會它究竟有多麼偉大。

我們不是沒有接受過物理學方面的教育。可惜在應試教育的大環境裡，我們的老師和學生總是不由自主地把那些精彩絕倫的物理定律變成一道又一道數學運算，讓本來就沒有親和力的物理教材變得更加令人生畏。要想真正進入一門科學的殿堂，數學運算當然是有必要的，但那只是小小的學習工具，絕不是物理學習的全部。真正的物理學，是千迴百轉的推導過程，是無可比擬的哲學思辨，是激動人心的偉大實驗，如果我們僅僅為了在物理試卷上取得好成績，結局一定是贏了分數、輸了感情——輸掉對物理學的感情，對科學的感情，對理性和思考的感情，甚至將漫長學習中積累的一點點物理知識也統統輸掉。不信您可以問問那些多年前學過高中物理的成年人，還有誰記得熱力學定律？還有誰會畫光路圖和電路圖呢？

物理本來很誘人，只是因為長期以來我們把它變成了考試工具，只是因為我們的物理教材和市面上絕大多數物理書籍都太枯燥，它才成了如今這副面目可憎的樣子。為了讓以前沒有接觸過物理的朋友愛上物理，為了讓以前學過物理的朋友重新發現物理之美，我寫下《誰說不能從武俠學物理？》這本小書。

希望這本書可以達成它的目的，希望大家可以非常開心地把它讀完。

目次

第二章　武俠世界的力度

第三章　武俠世界的功和能

第四章 武俠世界的聲和光

第五章 電場、磁場、氣場

第六章 凌波微步與量子物理

第一章

武俠世界的速度

無堅不破，唯快不破

「無堅不破，唯快不破！」

在周星馳電影《功夫》當中，邪派第一高手火雲邪神用手指夾住了一只射向他腦門的子彈，然後說出了這麼一句經典臺詞。

這句臺詞的意思是，無論多麼厲害的硬功都有罩門，唯有速度沒有罩門——你剛瞧見他的破綻，正要對準破綻一擊致命，他的防守已經到了，原有的破綻突然不是破綻了。就像金庸先生在《笑傲江湖》中描寫的辟邪劍法那樣：

> 劍招本身並沒什麼特異，只是出手實在太過突兀，事先絕無半分徵兆，這一招不論向誰攻出，就算是絕頂高手，只怕也難以招架。

同書中有一段針對《葵花寶典》的論述，將無堅不破的道理闡明得更為清楚：

獨孤九劍的要旨，在於看出敵手武功中的破綻，不論是拳腳刀劍，任何一招之中都必有破綻，由此乘虛而入，一擊取勝。那日在黑木崖上與東方不敗相鬥，東方不敗只握一枚繡花針，可是身如電閃，快得無與倫比，雖然身法與招數之中仍有破綻，但這破綻瞬息即逝，待得見到破綻，破綻已然不知去向，決計無法批亢搗虛，攻敵之弱。是以合令狐沖、任我行，向問天、盈盈四大高手之力，無法勝得了一枚繡花針。

但是不管出手有多快，總會有一個速度極限。

由寧財神編劇的情景喜劇《武林外傳》中，盜聖白展堂出手就很快，用他自己的話講，已經達到了「勢如疾風，快如閃電」的境界。疾風很快，地球上最快的風速是龍捲風中心附近的風速，每秒最快三百公尺。閃電更快，美國能源部測算出的閃電平均速度是每秒十四萬公里，將近光速的一半。

人類的出手速度能達到光速的一半嗎？當然不能。物理學上有一個宇宙第三速度：當某個物體的速度大於或等於每秒十六．七公里時，這個物體將掙脫太陽引力的束縛，飛到太陽系以外。假如一個武林高手的出拳速度能達到每秒十六．七公里，由於驚人的速度和可怕的慣性，他的骨骼和肌腱將在瞬間拽斷，隨著拳頭脫離身體，飛出地球，飛出太陽系，一直飛到浩瀚無際的太空中去。當然，考慮到地球表面有厚厚的大氣層存在，拳頭飛出時將與空氣摩擦生熱，還沒飛出地球，就會燃燒殆盡。所以「快如閃電」僅僅是一個誇張說法——每秒十六．七公里尚且達不到，何況每秒十四萬公里呢？

那麼「勢如疾風」能否做到呢？如果出手速度與每秒三百公尺的最快風速齊平，又會發生什麼樣的物理現象呢？

首先是空氣阻力的問題。每秒三百公尺基本上接近聲音在空氣中的傳播速度（每秒三百四十公尺），物理學上稱為「亞音速」[1]，此時拳頭將明顯感覺到空氣對它的阻力，該阻力與風阻係數、拳頭的運動速度、迎風面積的平方成正比。經過計算可以得知，當一個成年男子的拳頭相對空氣做每秒三百公尺的運動時，受到的空氣阻力大約是八十牛頓[2]，相當於一小桶水的重量。

對武林高手而言，每次出拳都要克服這麼大的阻力並不困難，困難的還是如何化解摩擦生熱的問題。假如每次出拳的平均速度都在每秒三百公尺上下，並且在幾分鐘內以高頻率連續出拳的話，空氣分子與手掌表面分子劇烈碰撞，使得內能增大，溫度升高，手的表面溫度將很快就高達幾百度。如果沒有練過火焰掌之類的神奇功夫，手會嚴重燙傷，用不著對手還擊，自己就把自己打敗了。

如果一個高手的手掌可以忍受高溫，這樣快速出拳還是很有好處的。第一，無堅不破，唯快不破，如此神速的出擊就像發射出一顆顆子彈，絕對讓敵人防不勝防。第二，快速運動的拳頭和手臂可以帶動周圍的空氣快速流動，在身體四周形成強大的旋風，可以將質量較小的暗器擋在外面。所以當武林高手面對天女散花般的暗器偷襲時，常常不管暗器的來路，自顧自地出掌，用掌風將自己籠罩在其中，針扎不透，水潑不進，從四面八風射來的暗器紛紛被彈落在地。

《天龍八部》第四十二回，慕容復看不清段譽六脈神劍的來路，只好「使出慕容氏家傳劍法，招招連綿不絕，猶似行雲流水一般，瞬息之間，全身便如罩在一道光幕之中」，這樣一來，段譽的無形劍氣就被他的快劍擋在外面了。究其原理，也是因為快劍激起了旋風，旋風隔絕了劍氣。

六脈神劍號稱天下第一，無人能敵，可是慕容復卻可以透過速度極快的快劍抵擋一陣，看來火雲邪神老兄「無堅不破，唯快不破」的說法還真不是亂蓋的啊！

註解

1 亞音速：指低於聲音的傳播速度（即音速）。聲音的標準速度是在十五℃海平面在空氣中傳播的速度（在水中或其他介質中速度不同）是每秒三百四十公尺，大約是每小時一千二百二十四公里。等於每秒三百四十公尺的速度稱為穿音速，小於每秒三百四十公尺的速度稱為亞音速，大於每秒三百四十公尺的速度為超音速。

2 牛頓：力的公制單位。使質量一公斤物體的加速度為一公尺／秒平方時，所需要的力為一牛頓。

大俠賽跑

在武俠世界中，並非所有人都靠速度取勝，丐幫前幫主喬峰就是一個例子。

喬峰的武功當然很高，但他的速度並不算快。《天龍八部》第十四回，他和段譽賽跑，「兩人並肩而前，只聽得風聲呼呼，道旁樹木紛紛從身邊倒退而過。」乍看上去好像很快，比得上兩部在賽道上你追我趕的跑車。但是看了後文就知道，與我們這些凡夫俗子相比，喬峰跑得並不算快。

據《天龍八部》第二十回，喬峰為了探明自己的身世，出了代州城，直奔雁門關，「他腳程迅捷，這三十里地，行不到半個時辰。」「半個時辰」即一個小時，「三十里地」即十五公里，一小時跑完十五公里，每個腿腳正常的成年男子都做得到，絲毫沒有出奇之處。

金庸另一部武俠小說《笑傲江湖》描寫了令狐沖小師妹岳靈珊的速度，也不見出奇。話說岳靈珊偷了華山派的鎮派之寶《紫霞祕笈》，連夜送給令狐沖，她的六師兄陸大有代替令狐沖致謝：「小師妹，這來回一百二十里的黑夜奔波，大師哥永遠不會忘記。」一個晚上大約十二個小時，「一百二十里」大約六十公里，岳靈珊的平均時速才五公里，比喬峰更慢。由此可見，華山派劍法有獨到之祕，輕功卻不是長項。記得高中二年級寒假，我曾經用三天時間徒步走完一百五十公里，扣掉吃飯和休息的時間，平均時速六公里，完敗華山女俠岳靈珊。

比賽走路的速度，岳靈珊不如我，我不如喬峰，喬峰比不上現在任何一個長跑運動員，而無論多麼專業的運動員都比不上溫里安在《神相李布衣》系列中塑造的輕功高手白青衣。

曾經有三個人對白青衣實施偷襲，一個是「千里不留情」方化我，一個是「流星」銀卻步，一個是「八步趕電」華滿天。聽外號就知道，這三個人都是江湖上頂呱呱的輕功高手，速度一定不遜於牙買加「閃電」波特（Usain Bolt）以及年輕時的楊傳廣。但是呢，他們不幸遇上了白青衣這個剋星。

那是一個晚上，月色皎潔，月光如水，方化我、銀卻步、華滿天三人同時向白青衣打出三種暗器，沒有打中，隨即風緊扯呼。為了不讓白青衣追上，他們分三個方向逃跑。

「八步趕電」華滿天眨眼之間跑出一里多地，就算是一頭奔馬也趕不上他一半的速度。忽然，他聽見前面一棵樹上傳出白青衣的聲音：「華滿天，你跑了那麼久，一定累了，既然累了，那就歇歇吧。」華滿天嚇得魂飛天外，擰身轉向，如強弩上的利箭般飛射而出，結果被白青衣用一片飛射更快的樹葉要了小命。

「流星」銀卻步比華滿天跑得還要快，他正往另一個方向飛奔，猛然瞧見前面一棵樹下正坐著悠閒的白青衣，然後他也被一片樹葉要了小命。

當白青衣先後追上並殺掉華滿天和銀卻步之時，「千里不留情」方化我已經逃到了江心的竹筏上。他長長吐出一口氣，暗暗慶幸自己逃脫了追殺。這時候，他眼前一花，趕緊揉了揉眼睛，看見前方江面上正站著白青衣這個煞星。然後呢？他也沒有然後了。

白青衣的輕功究竟有多好？速度究竟有多快？溫里安沒有寫出相關資料，我們不得而知，也無從推算。漫威電影《X戰警》系列中有一個綽號「紅魔鬼」的變種人，具有瞬間移動的超能力，意到身至，從紐約到倫敦，一閃念就到了，比孫悟空筋斗雲都快。白青衣白大俠的神奇輕功大概就屬於這種超能力吧？

超能力超出了物理學範疇，我們暫不考慮，下面繼續分析金庸先生塑造的輕功高手。

金庸《俠客行》中有兩個來自俠客島的俠客，一個叫張三，一個叫李四，江湖人稱「賞善罰惡二使」，武功和輕功都高得出奇。《俠客行》第十五回，來自東三省的飛刀女俠高三娘子向他們射出四柄飛刀，他們不閃不避，就在飛刀即將射中他們後背的那一瞬間，兩人突然向前飛躍而出，「眾人眼前只一花，四柄飛刀啪的一聲，同時釘在門外的照壁之上，張三、李四卻已不知去向。飛刀是手中擲出的暗器，但二人使輕功縱躍，居然比之暗器尚要快速，群豪相顧失色，如見鬼魅。」

飛刀是要用腕力發射的，專業運動員甩飛刀，抖腕的速度可以達到每秒二十公尺左右，所以飛刀的初速度也在每秒二十公尺左右。由於空氣的阻力，飛刀在射出後會愈來愈慢，快要落地時的末速度取決於腕力、風力、發射角度、發射高度和飛刀質量的大小，大約在每秒一公尺到五公尺之間。ＯＫ，就算高三娘子腕力不行，風力很大，飛刀很重，發射時的角度和高度都不合理，飛刀即將接觸賞善罰惡二使身體時的速度至少也會在每秒一公尺以上。二使要想不被飛刀扎中，至少要在〇．〇一秒甚至〇．〇〇一秒的極短時間內加速到每秒一公尺。根據加速度等於速度變化量除以時間的計算公式，他們起跑時的加速度要達到一百公尺每秒平方，甚至一千公尺每秒平方！這樣大的加速度絕對是人類體能所不能達到的。

二〇〇九年八月十七日，可以代表人類起跑最快速度的「閃電」波特在百公尺賽跑中以九秒五八的成績創下世界紀錄，平均每秒能跑十公尺以上。假如高三娘子在波特完成起跑以後才射出飛刀，飛刀很有可能追不上波特；但是假如波特在高三娘子射出飛刀以後才起跑，他一定會死在飛刀之下。因為每個人起跑時的初速度都為零，要等到幾秒以後才能達到最快速度。

二〇一五年，英國皇家獸醫學院的科研人員在三百六十七隻獵豹身上安裝了ＧＰＳ，測出獵豹奔跑時的最快速度是每秒二十五公尺，而起跑加速度則是八．三公尺每秒平方，相當於波特起跑加速度的四倍左右。如果我們在十公尺開外向獵豹射出一支初速度為每秒二十公尺的飛刀，飛刀接近獵豹時的瞬時速度為十公尺，此時獵豹開始發覺並立即逃跑，牠照樣逃不掉被飛刀扎中的命運。獵豹尚且如此，何況人乎？

現在我們假設賞善罰惡二使輕功驚人，起跑加速度為一百公尺每秒平方，甚至更高，果真像金庸描寫的那樣瞬間飛躍，飛刀當然無法扎中他們。可是他們能否承受如此驚人的加速度所產生的慣性力呢？按照牛頓第二定律[1]，物體加速運動時所受慣性力等於加速度與其質量的乘積。如果賞善罰惡二使各重五十公斤，起跑加速度為一百公尺／秒平方，那麼他們將分別承受五千牛頓的慣性力。這個力與他們的運動方向相反，相當於前方有一個半噸重的物體均勻並快速地撞擊在身體的各個部位，即使不能將他們壓扁，至少也會折斷他們的頸椎。

透過以上分析，我們認識到了加速度的可怕威力。是的，我們可以憑藉一些非常先進的交通工具快速行進，可以乘坐每秒六百公尺以上的超音速飛機安全航行，但是我們所能承受的加速度卻很小。通常來說，十公尺每秒平方的加速度就會讓沒有受過長期訓練的普通人嘔吐，而一百公尺每秒平方的加速度則會讓人面臨生命危險。電梯起步和停止時都很慢，飛機起飛和降落時都要非常平滑地加速和減速，就是因為這個道理。

註解

1 牛頓第二運動定律常表示為F＝ma。F代表力，單位為牛頓；m為質量；a為加速度。

武林高手能否追上駿馬？

在這顆星球上，許多動物的起跑加速度都比我們人類大得多，獵豹是這樣，馬也是這樣。

Youtube 上有一段賽馬與特斯拉 Model S 對決的影片，發令槍一響，馬與車同時起步，才一眨眼工夫，馬就跑到了前面，將特斯拉甩出好幾公尺遠。

特斯拉 Model S 的百公里加速時間是二．八秒，換句話說，從起步到時速一百公里只需要二．八秒的加速時間。時速一百公里約等於每秒二十八公尺，將這個速度除以加速時間二．八秒，得出特斯拉的加速度是十公尺每秒平方，與奧運冠軍波特百公尺衝刺時的起跑加速度相當。

波特夠快吧？特斯拉夠快吧？而一匹賽馬能將他和它甩到後面，說明賽馬更快。

但在賽馬與特斯拉比賽的影片中，賽馬只是暫時領先，大約兩秒鐘不到，特斯拉已經追上並超越了賽馬，隨後將賽馬甩得愈來愈遠、愈來愈遠……

咦，賽馬的加速度不是比特斯拉還要大嗎？後來為什麼跑不過特斯拉呢？因為決定物體運動快慢的物理量除了加速度，還有加速時間。賽馬加速度很大，但是只能將這個加速度保持極短的時間，等瞬時速度增加到每秒十公尺左右，牠就沒有力氣繼續加速了。而汽車擁有強勁的動力，普通房車也有一、兩百匹的馬力，故此可以持續加速，很快加速到每秒十公尺、每秒二十公尺、每秒三十公尺、每秒四十公尺……即使不是特斯拉，即使駕駛一輛動力很「肉」的入門級房車，最終也將超越奔馬。

回頭再看《天龍八部》中喬峰與段譽賽跑那段情節：

那大漢邁開大步，愈走愈快，頃刻間便遠遠趕在段譽之前，但只要稍緩得幾口氣，段譽便即追了上來。那大漢斜眼相睨，見段譽身形瀟灑，猶如庭除閒步一般，步伐中渾沒半分霸氣，心下暗暗佩服，加快幾步，又將他拋在後面，但段譽不久又即追上。這麼試了幾次，那大漢已知段譽內力之強，猶勝於己，要在十數里內勝過他並不為難，一比到三、四十里，勝敗之數就難說得很，比到六十里之外，自己非輸不可。

你看，喬峰的內力比不上段譽，猶如賽馬的馬力比不上汽車。喬峰的加速度超過段譽，卻不能像段譽那樣持續加速，所以只能暫時領先，比到六十里之外，他就會被段譽甩到後面了。高手賽跑，表面上比的輕功，實際上比的是內力，輕功好的一方加速度大，內力好的一方加速時間長，比到最後，加速度大的一方會輸給加速時間長的一方。所以如果喬峰和段譽一起參加奧運會的田徑項目，喬峰一定會在一百公尺、二百公尺、八百公尺等短距離賽跑中勝出，最後卻在馬拉松比賽中敗給段譽。

假如舉行一場別開生面的馬拉松比賽，讓一人一馬進行PK，最後誰會勝出呢？

我猜絕大多數讀者朋友都會認為人不如馬。第一，馬比人加速快（波特那種超人屬於例外）；第二，馬比人耐力久。無論是加速度還是加速時間，馬都超過了人，當然會贏得馬拉松比賽了。

大不列顛島西南部有一個威爾斯王國，那裡每年都會舉行一場「人馬」馬拉松大戰，比賽距離為三十五公里。在這種比賽中，基本上都是馬贏，只有極個別時候人能比馬先跑到終點。但是如果將比賽距離延長到四十二公里，也就是正規的馬拉松距離，馬就不行了，專業的馬拉松運動員會勝過專業的賽馬，提前幾分鐘甚至半小時抵達終點。這到底是為什麼呢？

問題出在馬的毛上。像其他大多數動物一樣，馬的皮膚外面覆蓋著濃密的毛髮，可以保溫並防止蚊蟲叮咬。當馬進行長距離奔跑的時候，體表會產生大量的熱量和汗水，而毛髮卻會阻擋散熱，就像我們三伏天穿了一件被油浸透的皮衣一樣難受。愈跑愈熱，愈跑愈黏，馬就崩潰了，跑不動了，要麼減緩速度，要麼累癱在賽道上。我們人類皮膚裸露，汗腺密布，想怎麼排汗就怎麼排汗，熱量迅速散發在空氣中，因此可以進行比馬更耐久的長距離運動。

如果我們將馬換成速度更快、爆發力更強的獵豹，讓獵豹與人進行馬拉松比賽，獵豹也會像馬一樣慘敗的，甚至會比賽馬還要提前癱倒在賽道上。因為獵豹散熱比馬更慢，只能短途衝刺，完全不適合幾十公里的長距離奔跑。當然，這只是理論分析的結果，從來沒有人真的與獵豹比賽過，畢竟這種動物尚未馴化，不會聽從人的指揮；假使你和牠比賽，起跑沒幾步，可能就被牠吃掉了。

古人常用「日行千里、夜行八百」來形容駿馬的速度和耐力，實際上無論多麼厲害的駿馬都不可能日行千里。千里即五百公里，十二小時跑五百公里，平均時速四十公里，秒速在十公尺以上，馬是做不到的。或許前幾公里能做到，但後來會愈來愈慢，直到累癱。

《射鵰英雄傳》裡郭靖郭大俠有一匹小紅馬，是來自西域的汗血寶馬，據說曾得到漢武帝的垂青。這種馬能日行千里嗎？當然也不能。《射鵰英雄傳》第七回，郭靖騎著小紅馬來一陣長途疾馳，小紅馬身上很快滲出像鮮血一樣的汗水，郭靖的褲子大概也會沾上這種汗水，彷彿來了大姨媽。這時候，小紅馬其實已經不能再快速奔跑了，金庸寫牠「仍是精神健旺，全無半分受傷之象」，那是小說家言，為了表現汗血寶馬神駿無敵，現實生活中並沒有這樣的馬。

另一方面，金庸為了表現武林高手的輕功，也會讓人的速度超過馬。例如《神鵰俠侶》

第三十九回：

一燈大師見情勢不妙，飛身下馬，三個起伏，已攔在兩個徒兒的馬上，大袖一揚，阻住馬匹的去路，喝道：「回去！」武三通和泗水漁隱本是逞著一股血氣之勇，心中如何不知這一去是有死無生，眼見師父阻攔，便勒馬而回。蒙古官兵見這高年和尚追及奔馬，禁不住暴雷也似喝采。

再如《倚天屠龍記》第三十四回：

張無忌呼呼兩掌，使上了十成勁力，將玄冥二老逼得倒退三步，展開輕功，向王保保馬後追來。玄冥二老和其餘三名好手大驚，隨後急追。張無忌每當五人追近，便反手向後拍出數掌，九陽神功威力奇大，每掌拍出，玄冥二老便須閃避，不敢直攖其鋒。如此連阻三阻，張無忌追及奔馬，縱身躍起，抓住王保保後頸。這一抓之中暗藏拿穴手法，王保保上身登時痠麻，雙臂放開了趙敏，身子已被張無忌提起，向鹿杖客投去。鹿杖客急忙張臂接住，張無忌已抱起趙敏，躍離馬背，向左首山坡上奔去。

事實上，這種描寫反倒比小紅馬的日行千里更為合理；在馬跑熱、跑累、速度放緩的時候，人確實可以追上馬，即使是我們這些不會輕功的普通人也可以做到，前面說過的「人馬」馬拉松不就是證明嗎？

在水面上飛奔

《射鵰英雄傳》第一〇四回，西毒歐陽鋒曾經二度追趕過郭靖的小紅馬，兩次都失敗了。

先看第一次：

歐陽鋒大怒，身子三起三落，已躍到小紅馬身後，伸手來抓馬尾。郭靖不料他來得如此迅捷，一招「神龍擺尾」，右掌向後拍出。這一掌與歐陽鋒手掌相交，兩人都是出了全力。郭靖被歐陽鋒掌力一推，身子竟離馬鞍飛起，幸好紅馬向前奔，他左掌伸出，按在馬背，一借力，又已跨上馬。

歐陽鋒輕功絕頂，以極高的加速度追到了小紅馬身後，本來準贏無疑。但是郭靖作弊，在馬背上和他對了一掌。根據牛頓第三定律，兩個物體之間的作用力和反作用力總是大小相等，方向相反，並且作用在同一條直線上。降龍十八掌剛猛無雙，一掌至少有一千牛頓的力道吧？譬如郭靖用一千牛頓的掌力擊打歐陽鋒，歐陽鋒會還給他一千牛頓的反作用力。該力先傳遞到郭靖身上，再透過郭靖傳遞到馬身上，力的方向與馬的方向相同，幫助小紅馬加大了馬力，跑得更猛、更快。與此同時，歐陽鋒受到郭靖那一千牛頓的掌力，加速度銳減，速度放緩，再也追不上小紅馬了。

再看第二次：

這番輕功施展開來，數里之內，竟比郭靖胯下這匹汗血寶馬要迅速。郭靖聽得背後踏雪之聲，猛地回頭，只見歐陽鋒離馬已不過數十丈，一驚之下，急忙催馬。這汗血寶馬果真不同尋常，這般風馳電掣般全速而行，歐陽鋒輕功再好，時間一長，終於累得額頭見汗，腳步漸漸慢了下來。待馳到天色全黑，紅馬已奔出沼澤，早把歐陽鋒拋得不知去向。

歐陽鋒這次敗北是因為耐久力不如小紅馬。他輕功絕妙，內力悠長，但小紅馬的馬力似乎更悠長。比賽到傍晚，歐陽鋒累得跑不動了，速度再次放緩，再一次輸給了小紅馬。看來金庸不了解馬的耐久力，一匹心肺發達的駿馬在耐力上其實會輸給一個心肺發達的人類。

歐陽鋒與小紅馬的兩次比賽都是在沼澤裡進行的，那片沼澤面積龐大，皚皚白雪覆蓋著深不見底的稀泥，無論是人是馬，都很容易陷進去。歐陽鋒和小紅馬為什麼都沒有陷進去呢?因為跑的速度足夠快。

《射鵰英雄傳》原文是這麼寫的：

待離歐陽鋒數十丈處，只感到馬蹄一沉，踏到的不再是堅實硬地，似乎白雪之下是一片泥沼，小紅馬也知不妙，急忙拔足。奔到臨近，只見歐陽鋒繞著一株小樹急轉圈子，片刻不停。郭靖大奇：「他在鬧什麼玄虛?」一勒韁繩，要待駐馬相詢，那知小紅馬竟不停步，一衝奔出，隨又轉回。郭靖隨即醒悟：「原來地下是沼澤溼泥，一停足立即陷下。」

歐陽鋒快速轉圈片刻不停，就能保證自己不陷到泥地裡去嗎?答案是肯定的。

大家有沒有看過《動物世界》裡爬行動物雙冠蜥在水面上飛奔的鏡頭。雙冠蜥生活在熱帶雨林，軀幹修長，雄性雙冠蜥尖尖的腦袋上長著兩片漂亮的肉冠，江湖上按照諧音給牠取了個綽號「陳冠希」。「陳冠希」的腳掌彷彿鴨蹼，能夠在水中展開，增加表面積，進而增

雙冠蜥

大浮力。但是這一點點浮力並不能讓牠像溫里安筆下的輕功高手白青衣那樣站立在水面上，為了不掉入水中，牠入水之前就快速奔跑，然後能在水面上行進五公尺，甚至更遠的距離。

YouTube 上也有人模仿「陳冠希」進行類似的實驗：幾個外國小夥子在岸上拚命助跑，以最快速度跑到水裡去。他們的腳掌啪啪啪地蹬在水上，身體繼續向前移動，直到在水面上跑出幾步以後，才會噗通噗通落入水中。當然，由於人類比「陳冠希」重得多，奔跑速度又沒有那麼快，所以表現出來的效果不太明顯，基本上從跑到水中的那一剎那就開始往水裡沉，隨後掉入水中的部分愈來愈多，直到整個人都掉下去。

幾年前義大利科學家艾伯托．米聶提（Alberto Minetti）、尤利．伊凡南科（Yuri Ivanenko）和潔曼娜．卡佩里尼（Germana Cappellini）等人做過實驗和計算，了解了某些動物能在水面上奔跑一段距離的物理原理。首先是因為慣性定律。大家知道，慣性定律是牛頓第一定律，指的是一切物體總能保持它原有的運動狀態，除非有外力改變它。飛奔入水的一剎那，由於強大的慣性，身體仍會保持繼續前行的狀態，只是因為人體受到的重力大於水面給人的浮力，才會在很短時間內落水。我們奔跑的速度愈快，讓人繼續前行的慣性就愈大，保持在水面上的時間就愈長。

其次是因為牛頓第三定律，也就是前面說過的作用力與反作用力定律。人跑入水中時，腳蹬水面的力度愈大，水面對腳的反作用力就愈大；腳的蹬力方向是向下和向後，水的反作用力方向是向上和向前。雖然水的浮力加上反作用力仍然無法完全抵銷重力的影響，但是可以抵銷一部分，最終結果就是人變「輕」了，落水的速度減緩了。

經過反覆測算，米聶提等人認為，我們在相當於地球重力五分之一的低重力環境下，可以一直在水面上以每秒三公尺左右的速度奔跑而不沉底。而在正常的重力環境下，奔跑速度則必須達到每秒三十公尺以上，才能將傳說中的「輕功水上漂」變成現實。但是，我們人類根本跑不了這麼快。

歐陽鋒身懷輕功，舌尖一抵上牙膛，一口真氣往上頂，身體會變輕好幾倍，相當於給自己創造了一個低重力環境。沼澤的剛度和密度都比水大，浮力自然也比水面大得多，所以歐陽鋒能在沼澤上不停地奔跑下去。

《神鵰俠侶》第三十四回，楊過闖入神算子瑛姑的黑龍潭，他在腳底下拴了兩根樹枝，然後在潭面上施展輕功滑行，「但見他東滑西閃，左轉右折，實無瞬息之間停留，在潭泥上轉了個圈子，回到原地。」郭襄是他的忠實粉絲，見此奇景不禁佩服得五體投地，拍手笑道：「好本事，好功夫！」郭襄沒有學過物理學，否則她就見怪不怪了。只要她的輕功高超到能為自己創造低重力環境，只要她在泥潭上跑得足夠快，在樹枝受到的浮力、腳掌受到的浮力、潭面對腳掌的反作用力等三種力量以及慣性定律的支持下，她一樣可以做到。

如果暗器失去慣性

說到慣性定律，我們不妨來看看金庸與溫里安的不同。

金庸塑造的武俠世界基本上都遵守慣性定律，而溫里安塑造的武俠世界卻能讓慣性定律突然失效。您如果不信，請翻開《四大名捕會京師》的第一章：

歐玉蝶大喝一聲，雙手一展，十二種暗器飛射而出。

這一手「滿天花雨」，打得有如天羅地網，無情插翼難飛。

無情沒有飛。

就在歐玉蝶的十二種暗器將射未射的剎那間，無情的玉笛裡打出一點寒光。

這一點寒光是適才歐玉蝶打出來三道寒光之一，「颼」的釘在歐玉蝶的雙眉之間的「印堂穴」。

歐玉蝶所打出去的十二道暗器，立時失了勁

道，紛紛失落。

採花大盜歐玉蝶向無情打出十二種暗器，無情只用一根後發先至的銀針，當場取了他的性命。人們打暗器的力道有大有小，故此暗器的速度有快有慢。無情的暗器後發先至並不奇怪，奇怪的是歐玉蝶已經打出的暗器，怎麼會因為他的生命消失而突然跌落呢？因為慣性定律在這裡失效了。

同樣還是《四大名捕會京師》第一章，四大名捕的老三追命也見到了慣性定律失效的奇景：

「嗖嗖」二聲，兩枚鐵球又急飛而出。

追命人在半空，忽然踢出兩腳。

難道他想用血肉之軀來擋勢不可當的鐵球？

不是。

他這兩腿及時而準確地把繫在球上的鐵鍊踢斷，於是球都無力地落了下來。

二人用拴在鍊子上的鐵球飛擊追命，追命用他的一雙神腿踢斷了鐵鍊，本來正飛向他的那兩顆鐵球立馬改變運動方向，從直飛變成下落，慣性定律又一次失效。

其實慣性定律永遠不可能失效。伽利略（Galileo Galilei）早就說過，力不是物體運動的原因。笛卡兒（René Descartes）也說過，除非物體受到力的作用，否則將永遠保持靜止或運動狀態。牛頓（Isaac Newton）用實驗和邏輯驗證提出了更為準確的慣性定義：一切物體總會保持等速直線運動狀態或靜止狀態，除非作用在其上的力使其改變這種狀態。

射向無情的十二種暗器已經射出，它們的運動狀態只受兩種力影響，一是地球對它們的引力，二是空氣對它們的阻力。如果沒有這兩種力，暗器將一直保持發射時的初速度，在空中以直線軌道飛行，直到打在無情身上。現在有了這兩種力，暗器會以拋物線的軌跡飛行，而且速度愈來愈小。但是由於它們的初始位置距離無情很近，拋物線的軌跡並不明顯，速度的減緩也不會很大，最終仍會打在無情身上，只不過造成的傷害略小一些罷了。

同樣道理，射向追命的兩顆鐵球也會受到地心引力和空氣阻力的影響，在空中以接近拋物線的軌跡擊中追命，並不會因為追命踢斷鐵鍊而降低速度、失去殺傷力。慣性大小取決於物體質量，慣性力的大小取決於物體質量及其運動速度。鐵球的質量比普通暗器大得多，所以追命受到的傷害也將比無情大得多。按照常理，他會被鐵球砸碎腦袋，或擊穿胸膛，即使他踢斷鐵鍊，依然難逃一死。

溫里安讓慣性定律失效，可能是受了亞里斯多德的影響。眾所周知，亞里斯多德尚未認識到慣性的存在，他相信力是物體運動的原因，力消失了，物體就不動了。假如現實世界真的如此，那麼一輛中途熄火的汽車會馬上停下，完全不用踩剎車，因為推動汽車行進的動力已經消失；一支剛剛射出的袖箭會馬上落地，根本射不到任何人身上，因為推動袖箭飛行的腕力已經消失；足球運動員在球場上將永遠無法射門，除非將球黏在自己的腳上，讓球和自己一起衝進球門；不管多麼恐怖的壞蛋用槍指著你的腦袋，都不用害怕，因為子彈射出槍膛的那一剎那，火藥的推力消失了，子彈將立即掉落在地。

慣性定律不可能失效，它在任何一個世界裡都會發生作用，哪怕我們跑到銀河外星系，也逃不出慣性的束縛。有時候我們應該感謝它（例如踢足球的時候），有時候我們應該恐懼它（例如緊急剎車的時候），但無論我們用什麼樣的態度對待它，它都永遠存在。

第二章

武俠世界的力度

萬有引力和楊過練劍

上一章我們探討了武俠世界的速度，這一章開始探討武俠世界的力度。「力度」是我們的生活用語，並不是嚴格的物理學概念。物理學只講「力」，不講「力度」。

「力」是什麼呢？它是一個物體對另一個物體的作用。比方說周芷若打了張無忌一個耳光，我們可以將她的手掌看作一個物體，張無忌的臉是另一個物體，她的手掌對張無忌的臉施加了一個物理作用，這個作用就是力。如果她打得特別狠，那麼我們就可以說她的手掌對張無忌的臉施加的力度比較大。如果她只是輕輕撫摸，那麼可以說她的手掌對張無忌的臉施加的力度比較小。

物體與物體之間的相互作用共有四種，換言之，世界上總共存在四種基本力。哪四種力呢？第一是萬有引力，第二是電磁力，第三是強力，第四是弱力。

任何兩種有質量的物體，無論距離有多遠，無論質量有多小，彼此之間都會相互吸引，這種吸引力就是萬有引力。周芷若不會離開地面自動飛升，張無忌從懸崖上跳落的運動軌跡是一路向下而不是冉冉上升，都是因為地球對她和他的萬有引力，也就是我們常說的「重力」。當然，在周芷若和張無忌之間也一樣存在萬有引力，只是她和他的質量太小，即使兩個人完全接觸，彼此的引力也不到地球引力的億萬分之一，平常根本感受不到罷了。

生活中可以體驗的萬有引力，除了重力，還有月亮的潮汐力。我們知道月亮繞著地球公轉，其公轉軌道並非正圓，它與地球之間的距離時近時遠，近的時候三十六萬公里，遠的時候四十一萬公里。根據萬有引力公式[1]，兩個物體之間的引力等於它們質量的乘積除以距離的平方再乘以萬有引力常數，地球和月亮的質量基本不變，萬有引力常數是恆定值，地球和月亮距離愈近，兩者引力就愈大。經過計算可以得知，地球和月亮距離三十六萬公里時的引力，大約是地球和月亮距離四十一萬公里時引力的一．二倍。正是因為這種引力差的存在，月亮對地球海洋的吸引力時大時小，近月點時海平面上升，遠月點時海平面下降，上升下降周期變化，潮汐就產生了。

《神鵰俠侶》第三十二回，楊過每日兩次趁漲潮時跳入海中練劍，用一把木劍來抵禦洶湧澎湃的潮汐之力，六年之後功力大進，終於成為一代名俠。

太陽與地球的距離也是時近時遠，也會產生潮汐力。但是太陽與地球距離太遠，是月亮與地球距離的幾百倍，所以太陽潮汐力要比月亮潮汐力小得多。假如沒有了月亮，所有武林情侶都將失去花前月下的浪漫，而楊過楊大俠在海潮中練劍的效果也將大打折扣。

月亮之所以繞地球旋轉，是因為地球對它的強大引力。根據牛頓第三定律，相互作用的兩個物體之間的作用力和反作用力總是大小相等、方向相反，月亮對地球也存在同樣大小的反方向引力。這個反方向引力對地球產生了一定程度的拖拽效應，使地球的自轉和公轉相對穩定。如果月亮突然消失，地球的自轉會加快，每天的時間會變短，繞太陽旋轉的公轉軌道也將產生變化，在地球上生活的我們會感到劇烈搖晃，只有那些馬步非常穩的高手才有可能穩穩當當站在大地上。

註解

1 萬有引力公式：$F = G\frac{m_1m_2}{r^2}$。F 表示引力；G 為萬有引力常數，通常取 6.67×10^{-11}；m_1 和 m_2 分別為兩物體質量；r 表示兩物體間距離。

電磁力和彈指神通

宇宙第一基本力是萬有引力，第二基本力是電磁力。

萬有引力是物體質量引起的相互作用，如果從廣義相對論的角度來理解萬有引力的成因，就是物體質量造成了空間彎曲，空間彎曲改變了運動趨勢，相互靠近的運動趨勢形成了引力。

電磁力則是發生在電荷之間和磁體之間的相互作用，是帶有電荷的粒子之間產生的力。譬如說盜帥楚留香用內力點了一個小毛賊的穴道，讓小毛賊的全身或某個關節產生痲酥酥、彷彿過電的感覺，使之暫時無法運動，這種內力就屬於電磁力。再譬如《書劍恩仇錄》中陳家洛與霍青桐闖進一座磁山的山洞，突然一股強大的磁力將劍吸走，霍青桐百寶囊中的暗器鐵蓮子也自動飛出，牢牢吸在地上，這種磁力當然也屬於電磁力。

我們通常說的彈力、拉力、推力、壓力、浮力、摩擦力，同樣屬於電磁力。為什麼能將這些表面上看起來和電、磁完全無關的力看成電磁力呢？我們舉一個例子就知道了。

《射鵰英雄傳》第二十六回濃筆重彩描寫了黃藥師的彈指神通：

黃蓉笑道：「這鐵手掌倒好玩，我要了他的，騙人的傢伙卻用不著。」舉起那三截鐵劍叫道：「接著！」揚手欲擲，但見與裘千仞相距甚遠，自己手勁不夠，定然擲不到，交給父親，笑道：「爹，你扔給他！」

黃藥師起了疑心，正要再試試裘千仞到底是否有真功夫，舉起左掌，將那鐵劍平放掌上，劍尖向外，右手中指往劍柄上彈去，錚的一聲輕響，鐵劍激射而出，比強弓所發的硬弩還要勁急。黃蓉與郭靖拍手叫好，歐陽鋒暗暗心驚：「好厲害的彈指神通功夫！」

從宏觀角度觀察，黃藥師屈起中指，中指的指端抵在鐵劍的劍柄上，然後迅速彈出，中指的彈力變成推力，驅動鐵劍向前射出。而從微觀角度分析，黃藥師的中指是由一個個分子組成的有機體，分子又由原子組成，原子中存在著大量的離子和彌散的電子，這些量子級別的粒子當中存在著相互吸引和相互排斥的電磁力。當黃藥師屈起中指，微粒間的距離被壓縮，打破了電磁力的均衡，使斥力大於引力，進而在宏觀上表現出對抗外界壓力、恢復原有形狀的趨勢，這就是我們通常所說的彈力。

有機體可以產生彈力，無機體也可以產生彈力。《射鵰英雄傳》中哲別用強弓射出利箭，歸根結柢是弓弦被拉緊時打破了電磁力的均衡，所以說弓弦的彈力也屬於電磁力。

我們學過摩擦力，包括靜摩擦力和動摩擦力，它們同樣屬於電磁力。

劍客握住劍柄，劍不會掉下去，在手掌與劍柄之間存在著摩擦力，從微觀角度看，是因為構成手掌的微粒與構成劍柄的微粒相互接觸，當平行於接觸面的方向上有重力引發的剪切力[1]時，這些相互接觸的區域就會發生錯位，使手掌與劍柄的重疊面積減小，就像把負電荷從正電荷周圍移走，因此產生反向的應力，也就是我們在宏觀角度所說的靜摩擦力。

劍客從劍鞘中拔出長劍，劍與劍鞘之間會產生動摩擦力。從微觀角度觀察，劍的外部表層和劍鞘的內部表層都不是絕對光滑的，都有數不清像鋸齒一樣的小凸起，由於拔劍時劍和劍鞘在相對運動，兩種物體接觸面上的小凸起會產生形變，這種形變也將打破電磁力的均衡狀態，使庫侖斥力[2]大於靜電引力，形成宏觀上的動摩擦力。

前文說過，宇宙四種基本力，第一萬有引力，第二電磁力，第三強力，第四弱力。我們分析電磁力的成因，要從微觀角度來分析，而在分析強交互作用和弱交互作用時，更加離不開微觀角度。

強力是讓原子核緊密保持在一起的強交互作用力。我們知道，原子由原子核和圍繞原子核運動的電子組成，原子核又由若干帶正電的質子和不帶電的中子組成。電荷同性相斥，異性相吸，質子都帶正電，自然相互排斥，理論上應該彌散開來，無法聚集在原子核內部，進而也就無法形成原子核。如果沒有原子核，就沒有原子，進而無法形成今天的大千世界。所以物理學家認為，質子之間除了存在同性相斥的斥力之外，還一定有一種讓它們相互吸引的作用力，這種作用力就叫做強力。

強力與萬有引力有某種相似的性質——它的大小與質子的質量成正比，與質子之間距離的平方成反比。但與萬有引力不同的是，它只有在質子間距特別近的時候才能產生作用，作用距離只有10^{-15}公尺，和一個原子核的直徑差不多。一旦超過這個極其微小的間距，強力幾乎就不存在了。

弱力是在某些能夠自發放出射線的原子核之中產生的力，它的作用範圍也很小，和強力的作用距離相同，但是強度只有強力的10^{-6}倍。

強力和弱力都很重要，但是做為基本粒子間的短程作用力，日常生活中無法感知，在我們宏觀的武俠世界中也無法分析，所以本章將重點探討電磁力在武俠世界中的作用，並附帶說說萬有引力在輕功中的意義。

註解

1 剪切力：指施加於相鄰物體的表面，引起相反方向的進行性平行滑動力量。

2 庫侖斥力：一原子中的電子層和帶有與自身相同電荷的另一原子電子層，兩者之間會產生排斥力。

泥鰍功與童子拜佛

先看電磁力大家族中的摩擦力。

《射鵰英雄傳》第二十九回，郭靖與神算子瑛姑第一次動手：

郭靖掌到勁發，眼見要將她推得撞向牆上。這草屋的土牆哪裡經受得起這股大力，若不是牆坍屋倒，就是她身子破牆而出。但說也奇怪，手掌剛與她肩頭相觸，只覺她肩上卻似塗了一層厚厚的油脂，溜滑異常，連掌帶勁，都滑到了一邊。

郭靖降龍十八掌打到瑛姑肩膀上，本應將她打成重傷。但是瑛姑使出自創的獨門絕技「泥鰍功」，減小了郭靖手掌與自己肩膀的摩擦力。

當郭靖的手掌從瑛姑的肩膀上滑過時，手掌與肩膀之間產生了一個滑動摩擦力。滑動摩擦力如果很大，郭靖的掌力至少有一大半將作用在瑛姑身上；滑動摩擦力如果很小，剛猛的掌力就會被卸去一大半。好比滑雪運動員從高處跳到斜坡上，如果斜坡的坡度很大，坡面很光滑，大部分重力會分解成向下的滑力，滑雪運動員可以毫髮無傷地高速下滑；如果斜坡的坡度很小，坡面很粗糙，只有一小部分重力被分解，滑雪運動員差不多以自由落體的速度直接摔在坡面上，坡面將對他產生極大的反作用力，很可能造成骨斷筋折的悲慘後果。

滑動摩擦力取決於動摩擦因數與壓力的乘積，動摩擦因數則取決於接觸面的光滑度。接觸面愈光滑，動摩擦因數就愈小，滑動摩擦力也會愈小。在郭靖擊打瑛姑肩膀的過程中，郭靖的掌力是固定的，他對瑛姑肩膀施加的壓力是一個常數。這時候，他的手掌與瑛姑肩膀之間的摩擦力完全取決於接觸面的光滑度。

為了化解郭靖的掌力，瑛姑需要減小手掌與肩膀的滑動摩擦力。而為了減小摩擦力，瑛姑施展出泥鰍功，將肩膀變得光滑異常。

透過降低動摩擦因數來減小摩擦力的現象在武俠世界中是很普遍的。使刀動劍的人都會透過打磨和擦拭，讓刀劍的鋒刃盡可能光滑一些，否則很難砍進敵人的身體。發射沒羽箭和飛蝗石的暗器名家絕對不會偏愛七歪八扭的箭桿和千瘡百孔的石子，因為那樣會增加暗器與空氣間的摩擦力，使暗器無法及遠。

其他情況下，增大摩擦力也非常重要。輕功高手施展「壁虎遊牆功」，沿著光溜溜的城牆往上爬的時候，要麼戴上粗糙異常的手套，增大手掌與牆壁的動摩擦因數；要麼使用內功緊貼牆壁，增加身體對牆壁的壓力。蜘蛛俠之所以能徒手爬樓，是因為他的手掌發生變異，長出了帶有倒刺的細小凸起，動摩擦因數變大了。《倚天屠龍記》中張無忌之所以能爬上光滑的鐵牆，是因為九陽神功增加了他對鐵牆的壓力。

武俠小說中有一招很常見的空手入白刃功夫叫「童子拜佛」，又名「童子拜觀音」，雙掌一合，可以牢牢夾住敵人的刀劍。這招功夫除了需要驚人的眼力和非常快捷的反應速度，也需要很強的掌力，否則摩擦力太小，夾不住刀劍，難免血濺當場。

《神鵰俠侶》中的小龍女剛出山時，懷裡有一雙白手套，用極細、極韌的白金絲織成，在與全真七子中的郝大通動手時派過用場：

> 再拆數招，只聽錚的一響，金球與劍鋒相撞，郝大通內力深厚，將金球反激起來，彈向小龍女面門，當即乘勢追擊，眾道歡呼聲中，劍刃隨著綢帶遞進，指向小龍女手腕，滿擬她非撒手放下綢帶不可，否則手腕必致中劍。哪知小龍女右手疾翻，已將劍刃抓住，喀的一響，長劍從中斷為兩截。

小龍女的手掌柔嫩光滑，動摩擦因數自然很小。同時她在掌力上並不擅長，對長劍構不成很大的壓力。但她戴上那雙金絲手套以後，既刀槍不入，又增加了動摩擦因數，好比打遊戲時加了外掛，故此能以迅雷不及掩耳的速度抓住郝大通的寶劍。

重力、浮力、歐陽鋒的輕功

《射鵰英雄傳》第三十七回，歐陽鋒被黃蓉設計騙上一座雪山，隨即撤掉上山時搭設的羊梯。那座雪山高聳入雲，極陡、極滑，再高明的壁虎遊牆功也無濟於事，歐陽鋒困在峰頂下不來了。

到了第四天，天空又飄下鵝毛大雪，黃蓉與郭靖都以為歐陽鋒必定會凍餓而死，哪知道歐陽鋒突然從峰頂跳了下來：

只見他並非筆直下墮，身子在空中飄飄蕩蕩，就似風箏一般。靖、蓉二人驚詫萬分，心想從這千丈高峰落下，不跌到粉身碎骨才怪，可是他下降之勢怎的如此緩慢，難道老毒物當真還會妖法不成？片刻之間，歐陽鋒又落下一程，二人這才看清，只見他全身赤裸，頭頂縛著兩個大圓球一般之物。黃蓉心念一轉，已明其理，連叫：「可惜！」

一丈等於三公尺，千丈高的雪山距地面足有三千公尺。如果歐陽鋒在重力吸引下做自由落體運動，落地速度必然很大。有多大呢？算一算就知道了。

根據自由落體運動公式，物體落地時的末速度等於重力加速度與下落時間的乘積，而下落時間則等於兩倍的下落距離除以重力加速度然後再開平方。重力加速度取九．八公尺每秒平方，下落距離是三千公尺，求出下落時間為二十四．七秒，進而求出落地末速度為每秒二百四十二公尺。這個速度基本接近奧運會上十公尺空氣步槍射出的子彈，比用諸葛連弩發射出的鐵箭都要快。如果歐陽鋒照此速度落地，一定會將凍得鐵硬的地面砸出一個深達數公尺的大洞，他的身體也一定會摔得四分五裂，只能用洛陽鏟[1]和吸塵器來收屍了。

不過地球上任何一種物體的下落都不會是純粹的自由落體，因為地球上有空氣，而空氣有阻力。當物體的下落速度愈來愈快時，空氣對它的阻力也會愈來愈大，只要下落的距離足夠長，最終阻力總會與重力持平，將自由落體的加速運動變成一種勻速運動。換句話說，物體從高空下落時的速度不會無限增加，總會有一個極限，一旦達到這個極限，速度就恆定了。

有些讀者朋友玩過高空跳傘，穿著防護設備從五、六千公尺的高空躍下，剛開始並不需要打開降落傘。下落速度愈來愈快，愈來愈快，但由於空氣阻力不斷與地心引力抵銷，下落的加速度會愈來愈小。大約經過二十秒左右的時間，加速度歸零，人體勻速下落。不要太緊張的話，將會感受到來自空氣的浮力自下而上托著你，有一種腳踩祥雲、白日飛升的翱翔感。

空氣浮力也屬於電磁力。根據流體力學中的空氣阻力計算公式，歐陽鋒跳下後受到的浮力等於空氣密度、風阻係數、迎風面積、下落速度的平方等四個物理量的乘積再除以二。再根據高空跳傘的經驗資料，沒有打開降落傘時的風阻係數取〇．八三，空氣密度取一．一，迎風面積取〇．三平方公尺，下落速度取八十公尺／秒，此時歐陽鋒受到的浮力約為八百八十牛頓，基本上可以抵銷地球對他的引力，使他可以按照八十公尺／秒左右的速度勻速下落，而不會繼續加速。

八十公尺／秒也是一個驚人的速度，歐陽鋒落地還是會摔成肉餡。怎樣做才能逃過這一劫呢？歐陽鋒的聰明才智派上了用場：他在雪山上脫得一絲不掛，用上衣和褲子做了一個簡易的降落傘，增大了風阻係數和迎風面積，進而增大了空氣浮力。

歐陽鋒的簡易降落傘當然無法和專業降落傘相比，其迎風面積最大不超過一平方公尺，風阻係數最大不超過一．二（專業降落傘的風阻係數可達到二．五以上），空氣浮力大約是自由下落時的五倍，最後將以十六公尺／秒的速度砸向地面，相當於被一列加速以後的超級動車迎頭撞擊，依然難逃一死。

那麼歐陽鋒摔死沒有呢？當然沒有。

只見他在半空腰間一挺，撲向城頭的一面大旗。此時西北風正厲，將那大旗自西至東張得筆挺。歐陽鋒左手前探，已抓住了旗角，就這麼稍一借力，那大旗已中裂為二。歐陽鋒一個筋斗，雙腳勾住旗杆，直滑下來，消失在城牆之後。

歐陽鋒之所以沒死，一是在落地前借助了大旗的彈力，來了一個小小的緩衝，二是因為他身處武俠世界，用絕頂輕功創造出低重力環境。減小了重力加速度，再加上簡易降落傘帶來的浮力，使他得以低速著陸。

註解

1 洛陽鏟：考古用的半圓柱形鐵鏟。可將地下的泥土帶出，以了解地下土層的土質。

人造重力和離心力

我們屢次提到歐陽鋒創造低重力環境，實際上，重力只能改變，不能憑空創造。

重力屬於萬有引力，萬有引力與質量的乘積成正比，與距離的平方成反比。所以為了減輕一個物體所受的重力，要麼減輕它的質量，要麼抬升它的高度。

假設歐陽鋒努力減肥，從七十公斤減到六十公斤，他在地面上的重力會從六百八十六牛頓減到五百八十八牛頓（這裡取重力常數為九．八），減輕了十四％。

再假設歐陽鋒乘坐火箭飛升到十萬公尺高空，增加了與地球之間的距離，那裡的重力肯定比在地面上小。究竟能小多少呢？用地球半徑（地表到地心的平均距離，一般取六百三十七萬公尺）的平方除以地球半徑與火箭高度之和的平方，得數是〇．九七，說明歐陽鋒在十萬公尺高空受到的重力是地面重力的九十七％。

辛辛苦苦飛到十萬公尺那麼高，重力只減輕三%，還不如減掉幾公斤贅肉的效果好，可見減肥對一個修練輕功的人來說有多重要。《碧血劍》中有一位坐地分贓的大盜褚紅柳，「他身材肥胖，素不習練輕功，自來以穩補快，以狠代巧。」你看，胖子練輕功不占優勢。

輕功追求的是重力變小，繞地球飛行的太空人卻需要將重力變大。

在一艘繞地球飛行的太空船中，離心力抵銷了地心引力，太空人與所有物體都處於完全失重的狀態，行走坐臥非常不便，時間長了還會出現太空病，例如骨頭鈣質流失、骨骼變脆、肌肉萎縮、心臟功能衰退……

怎樣才能讓重力回來呢？我們可以在飛船內部打造一個圓筒狀的空間，讓它沿著固定軸線勻速轉動，只要轉動的速度適中，貼在圈桶內壁的太空人就可以感受到一種與重力差不多大的離心力。這種力並非重力，但是給人帶來的感覺卻和重力完全等同，可以稱作「人造重力」。

如果將太空船當作一臺滾筒洗衣機，將太空人當作洗衣機裡的衣服。在洗衣機裡注滿清水，衣服會漂浮起來，類似於太空人進入了失重狀態。現在接通電源，轉動滾筒；由於離心力作用，衣服會自動貼到滾筒內壁上，類似於飛船內部圓筒空間的轉動讓太空人感受到重力。

還可以做一個有趣但是比較耗時間的小實驗：在拍賣網站上買一個電力驅動的木輪水車

模型，在木輪邊緣塗上一層泥土，在泥土裡撒上花草的種子，然後讓水車慢速轉動起來。每天定期灑水，經過一週左右，花草發芽了，但漸漸地你會發現，花草的莖葉都朝向水車轉輪的軸心生長，而根部則朝向轉輪的邊緣生長，呈現出一種頭尾顛倒的放射狀。為什麼會出現如此奇特的現象呢？原來花草在旋轉中感受到了離心力，並誤認為那是重力，於是就順著離心力的方向生根，背著離心力的方向發芽。

無論是人造重力空間中的太空人、洗衣機裡的衣服或水車上的花草，都會將離心力當成重力，這說明兩種力在效果上是等價的。

離心力不屬於萬有引力，也不屬於電磁力，更不屬於原子核內部的強力和弱力，它是變速運動中產生的一種慣性力。你站在一輛靜止或勻速行駛的公車上，無論公車突然啟動還是突然剎車，都會站不穩，感覺好像有人突然對你施加了一個與公車運動方向相反的推力。再比如說這輛公車的快慢沒有變化，只是向左或向右轉了一個急彎，你仍然會感覺到與公車轉彎方向相反的推力。並沒有人施加推力，僅是因為慣性定律產生了一種類似於推力的運動效果。該運動效果在物理學上屬於效果力的範疇，俗稱為「慣性力」。

一切變速運動都會產生慣性力。即使是等速的轉動，轉速沒有變，轉動方向卻一直沿著切線方向不斷變化，所以等速轉動歸根結柢也是一種變速運動。在一個等速轉動的系統中，物體感受到的離心力取決於轉動速度、轉動半徑和物體質量，並等於物體質量、轉動半徑、轉動角速度（單位時間內轉過的弧度）的平方等三個物理量的乘積[1]。

地球的自轉基本上可以看作是以南北兩極為轉軸的等速轉動。地球表面每個地方的轉動角速度都相同，但是轉動半徑並不同：兩極的轉動半徑最小，赤道的轉動半徑最大。將赤道半徑代入離心力公式，可以算出一個人在赤道上的重力比在其他任何地方都要小，大約比他在兩極的重力減少〇．五％。從這個角度看，赤道應該是修練輕功的最佳場所。《神鵰俠侶》中那隻不會飛的巨鵰一直推著北半球的楊過往南走，大概也是為了讓楊過盡可能靠近赤道吧？

註解

1　離心力與向心力方向相反，力的大小相等，可以$F=mr\omega^2$計算，m表示質量，r表示半徑，ω表示角度。

轉大樹的危險性

《雍正劍俠圖》中有一位童林，他練習輕功的方式非常奇怪：

在二仙觀門前，是一片空地，地上長著兩棵大樹。這兩棵樹長得高大挺拔，每棵都有一摟多粗，樹與樹之間的距離有一丈五尺遠。童林來到樹底下停身站住，就聽兩位道爺說：「童林哪，從明天開始，你就轉這兩棵樹。轉什麼形的，這還有姿勢，這姿勢可不能搞錯。」說話間，這紅臉的道爺往下一哈腰，左手在前，手指尖跟鼻子尖齊，右手護住前心，騎馬蹲襠式往下一蹲，上身不動，兩腿動，啪啪啪圍著這樹就轉開了。轉得這形呢，就像阿拉伯數字那「8」字似的。老道轉完了，就對童林說：「轉多少日子，你別問。多會兒不讓你轉，你就拉倒。」「唉！」童林這點真好，你讓他幹什麼他就幹什麼，從不多問。從這會兒開始，童林整天就轉這樹。

兩個老道讓童林天天這樣轉大樹，夜以繼日苦練，其實是在教他一門輕功。這門輕功有什麼用呢？《雍正劍俠圖》第六回描寫了它的威力：

童林圍著雷春這麼一轉，雷春就傻眼了。他一瞅，前邊也是老趕，後邊也是老趕，左邊也是老趕，右邊也是老趕。他也不知道哪個是真老趕，哪個是假老趕了。雷春心裡想：「這小子的本領可真夠高啊！我連他的邊兒都沾不上，怪不得我那麼多徒弟都讓他給打了個屁滾尿流。」

童林繞著敵人轉起圈來，速度極快，嗖嗖一圈，嗖嗖一圈，讓對手覺得四面八方全是他的身影。

我們姑且將童林繞著敵人轉圈看作是一種等速圓周運動，敵人站在圓心，童林是圓周軌道上的一個質點。該質點不停運動，同時不停在敵人眼裡成像：童林一、童林二、童林三、童林四……

如果質點的速度不夠快，當童林二出現，童林一已經消失；當童林三出現，童林二已經消失。敵人站在圓心，看到的總是一個童林，不可能看到前後左右都是童林的幻象。如果質點的速度夠快，當童林二出現的時候，童林一仍然停留在對手的視覺印象裡，當童林三出現的時候，童林二仍然停留在對手的視覺印象裡。大家知道，這種現象叫做「視覺暫留」。就人類的眼睛而言，視覺暫留的最短時間是〇．一秒。也就是說，童林要想在對手眼裡構成連續的圖像，他每秒鐘至少要轉十圈以上。

每秒鐘轉十圈，轉過的弧度是二十π，角速度是每秒二十π。設童林的質量為八十公斤，轉動半徑為一公尺（半徑太長等於做無用功，半徑太短會被敵人絆倒）。有了質量、半徑和角速度，我們可以求出他施展「轉大樹」輕功時受到的離心力：八十公斤乘以一公尺再乘以二十π的平方，求得離心力為三十一萬五千八百二十七牛頓。

三十一萬五千八百二十七牛頓是多大的力？相當於一塊三十二噸重的鐵板壓在身上，這說明童林承受的離心力相當巨大，正常人類無法克服如此大的力量。如果硬要克服的話，譬如製造出一個半徑一公尺、角速度二十π的高速轉盤，將童林固定在轉盤的邊緣上，就在第一圈還沒轉完的時候，他已經被甩成肉餅了。

離心力很可怕，我們開車時要特別當心它，千萬不要在車速很高的時候急轉彎。因為快速急轉彎相當於強迫車身在短時間內轉過一個比較大的弧度，轉動角速度急劇增加，車身所受的離心力跟著變大，會導致側滑甚至側翻。

滅絕師太為何打不死張無忌？

一輛車轉彎時，受到的不止是離心力，還有來自發動機的驅動力、來自地球的重力、來自大地的支持力、來自路面的摩擦力、來自空氣的阻力。這些力的性質、方向、大小各不相同，但都作用在車身之上，彼此糾纏，就像一團亂麻擰成了一股繩。

我們將這團亂麻理順，可以看清各種力之間的作用關係。例如重力讓車輪對地面產生了壓力，它與地面對車輪的支持力大小相等，方向相反，組成一對作用力與反作用力；驅動力對車輪產生了推力，它克服了路面對車輪的摩擦力和空氣對車身的阻力，否則汽車無法前行；驅使車輪轉彎的動力同樣也來自發動機，無論轉彎的速度是快是慢，該動力都會自動分解成一個向前的推力和一個向外的離心力，而那個向外的離心力又與車輪受到的橫向摩擦力相抵銷，使車身不至於發生側滑和側翻。

車是這樣，別的物體也是一樣，世界上每個物體在每個時刻受到的力都是多種多樣的。為了搞清楚某一個物體的受力變化，我們經常需要將多個力合成為一個力，或者將一個力分解成多個力。在經典力學中，這種分析被稱為「力的合成和分解」。

現在讓我們進入武俠世界，看看那些將多個力合成一個力的案例。

《天龍八部》第六回，大理段家的護衛朱丹臣獨鬥四大惡人的老四雲中鶴，「他曾聽褚萬里和古篤誠說過，那晚與一個形如竹篙的人相遇，兩人合力，才勉強取勝。」

《天龍八部》第九回：「這大石雖有數千斤之重，但在鐘萬仇、南海鱷神、葉二娘、雲中鶴四人合力推擊之下，登時便滾在一旁。」

《碧血劍》第九回，華山派弟子劉培生與小師叔袁承志比武，本來要用單掌去抵擋袁承志的一招「石破天驚」，哪知袁承志拳力太猛，劉培生趕忙換成雙手，使了一招「鐵門橫門」，運勁推了出去。

《天龍八部》第三十二回：「鳩摩智、慕容復、段延慶等心中均想，倘若我們幾人這時聯手而上，向丁春秋圍攻，星宿老怪雖然厲害，也抵不住幾位高手的合力。」

《射鵰英雄傳》第三回：「十多個和尚合力用粗索吊起大鐘。」

《倚天屠龍記》第二十六回：「張三丰武功雖高，但百齡老人，精力已衰，未必能抵擋少林三大神僧的聯手合力。」

古龍《劍毒梅香》第十三回：「這一掌無恨生施出了真功夫，登時把其他兩個海盜嚇得怔了一怔，無恨生呼呼又是一掌推出，兩人連忙合力拚命一擋，咔嚓一聲，兩人手骨登時折斷，痛得昏死過去。」

溫里安《朝天一棍》：「方應看一呆，好像這才發覺似的，眼尾怔怔望著那四名小太監合力才捧得起的丈餘長棍。」

溫里安《女神捕》：「兩掌剛要觸及，岳起只見幽光中天心吊著怪眼狠獰地笑，又覺左右掌心同時一疼，猛想起楚山死後手掌洞穿，待收掌已然不及，當下硬著頭皮，雙掌合力擊出！」

上述案例中，有的是合多人之力為一個力，有的是合雙掌之力為一個力，不管怎麼合，都是將多個較小的力合成一個較大的力，以此來移動物體或者打倒敵人。江湖上有句老話：「雙拳難敵四手，好漢架不住人多。」意思就是合力會大於單個的力。

但是合力並不等於幾個力簡單相加，有時候合成的力反倒會小於單個的力。《倚天屠龍記》描寫過這樣的物理現象：

滅絕師太的性子最是執拗不過，雖然眼見情勢惡劣，竟是絲毫不為所動，對張無忌道：「小子，你只好怨自己命苦。」突然間全身骨骼中發出劈劈拍拍的輕微爆裂之聲，炒豆般的響聲未絕，右掌已向張無忌胸口擊去。

張無忌見她手掌擊出，骨骼先響，也知這一掌非同小可，自己生死存亡，便決於這頃刻之間，哪敢有些微怠忽？在這一瞬之間，只是記著「他自狠來他自惡，我只一口真氣足」這兩句經文，絕不想去如何出招抵禦，但把一股真氣彙聚胸腹。

猛聽得砰然一聲大響，滅絕師太已打中在他胸口。

旁觀眾人齊聲驚呼，只道張無忌定然全身骨骼粉碎，說不定竟被這排山倒海般的一擊將身子打成了兩截。哪知一掌過去，張無忌臉露訝色，竟好端端地站著，滅絕師太卻是臉如死灰，手掌微微發抖。

滅絕師太以峨眉九陽功為根基，使出全力在張無忌的前胸打了一掌。張無忌不閃不避，僅以九陽神功護體，將一股真氣彙聚胸口，硬接了滅絕師太的掌力。然後呢？他完好無損，毫髮無傷。

我們可以把張無忌的胸口當成一個受力點，滅絕的掌力施加在這個點上。與此同時，張無忌自己的真氣也施加在這個點上。滅絕的掌力與護體真氣方向相反，大小相等，一正一負，受力點的合外力為零，故此張無忌安然無恙。

不過千萬要注意，合力為零並不能保證絕大多數受力者的人身安全。且看《天龍八部》

第十九回喬峰大戰聚賢莊的場景：

喬峰酣鬥之際，酒意上湧，怒氣漸漸勃發，聽得趙錢孫破口辱罵，不禁怒火不可抑制，喝道：「狗雜種第一個拿你來開殺戒！」運功於臂，一招劈空掌向他直擊過去。

玄難和玄寂齊呼：「不好！」兩人各出右掌，要同時接了喬峰這一掌，相救趙錢孫的性命。

驀地裡半空中人影一閃，一個人「啊」的一聲長聲慘呼，前心受了玄難、玄寂二人的掌力，後背被喬峰的劈空掌擊中，三股凌厲之極的力道前後夾擊，登時打得他肋骨寸斷，臟腑碎裂，口中鮮血狂噴，猶如一灘軟泥般委頓在地。

喬峰劈空掌的掌力比較強，玄難與玄寂的掌力比較弱，二人合力出掌抵禦，基本上可以抵銷喬峰的掌力。這時候半空中落下快刀祁六，剛好落在三人掌力的聚集點。如果祁六不是人，而是物理學上素稱「剛體」的理想模型，無論受力有多強，其形狀和大小都不會變化，內部各點的相對位置也不會變化，只是會在合外力的作用下改變運動狀態，他絕對不會受傷。另外又由於喬峰掌力與少林二僧的掌力互相抵銷，他受到的合外力等於零，則他不但不受傷，而且還能穩穩當當站在原地。

可惜的是，快刀祁六並非剛體，三股掌力一起作用在他的身體表面，瞬間就讓他的形狀發生了改變，雖然整個身體沒有移動，但是五臟六腑統統挪移，最終成為合外力的犧牲品。

張無忌當然也不是剛體，但他有九陽神功護體，基本上接近於剛體，只要合外力為零，他就能完好無損坐在原地。

力的分解與人肉風箏

說完了力的合成，我們再來探討一下力的分解。

《天龍八部》第二十八回，聚賢莊的少莊主游坦之被阿紫擒住，用一根繩索拴在馬後，放起了人肉風箏。原文寫道：

那契丹兵連聲呼嘯，拖著游坦之在院子中轉了三個圈子，催馬愈馳愈快，旁觀的數十名官兵大聲吆喝助威。游坦之心道：「原來他要將我在地下拖死！」額角、四肢、身體和地下的青石相撞，沒一處地方不痛。

眾契丹兵哄笑聲中，夾著一聲清脆的女子笑聲。游坦之昏昏沉沉之中，隱隱聽得那女子笑道：「哈哈，這人鳶子只怕放不起來！」游坦之心道：「什麼是人鳶子？」

便在此時，只覺後頸中一緊，身子騰空而起，登即明白，這契丹兵縱馬疾馳，竟將他拉得飛了起來，當作紙鳶般玩耍。

他全身凌空，後頸痛得失去了知覺，口鼻被風灌滿，難以呼吸，但聽那女子拍手笑道：「好極，好極，果真放起了人鳶子！」游坦之向聲音來處瞧去，只見拍手歡笑的正是那個身穿紫衣的美貌少女。他乍見之下，胸口劇震，也不知是喜是悲，身子在空中飄飄蕩蕩，實在也無法思想。

如果將一只真正的風箏拖在馬後，馬向前奔跑，風箏跟著向前運動，空氣對風箏的阻力愈來愈大，會有一部分阻力分解到風箏的底部，形成向上的浮力，當然能讓風箏升空。可游坦之是個大活人，比風箏重得多，怎麼飛得起來呢？

不妨對游坦之做一個受力分析。

當他被馬拖著在地上滑行時，會受到五個力的影響：一是重力，二是地面的支援力，三是地面的摩擦力，四是繩索的牽引力，五是空氣的阻力。

他躺在地上，馬比他高，繩索被繃成一條與地面斜交的直線，所以所受到的牽引力也是斜著向上的。這個方向傾斜的牽引力又可以分解成兩個力：一個是水平向前拽的力，等於地平線與繩索傾角餘弦值（cos）的乘積；一個是垂直向上提的力，等於地平線與繩索傾角正弦值（sin）的乘積。假定繩索與地面的夾角為三十度，則水平向前拽的力是牽引力的〇．八七倍，垂直向上提的力是牽引力的〇・五倍。再假定馬的牽引力為八百牛頓（馬的力量實際上超過這個數值），則水平向前拽的力為七百牛頓，垂直向上拽的力為四百牛頓。

游坦之身材瘦小，體重可能是五十公斤，受到的重力應該是四百九十牛頓。如果繩索一直保持在緊繃、馬的牽引力一直保持在八百牛頓，垂直向上拽的分力也將一直保持在四百牛頓，該力基本上已經抵銷了一大半重力。但游坦之是在地面上磕磕絆絆地滑動，地面對他的摩擦力時大時小，馬與他之間的繩索時鬆時緊，牽引力產生的分力時有時無，所以他有時全身在地面上摩擦，有時半個身子脫離地面，除非他自己施展輕功，否則無法進入「全身

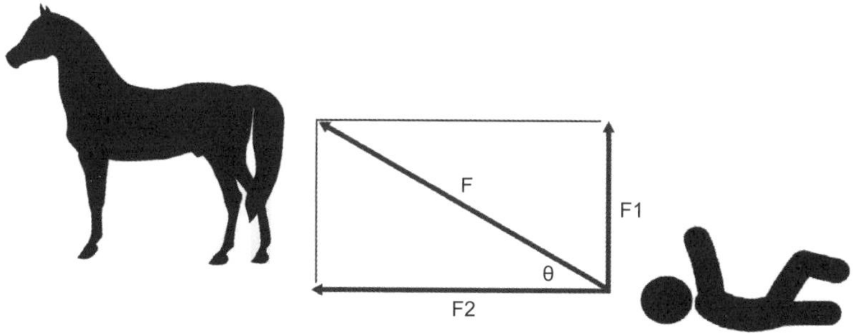

圖中 F 表示斜向上的牽引力，F1 為垂直向上的分力，F2 為水平向前的分力，θ 是 F 與地平線的夾角。根據平行四邊形定則：

$F1 = F \times \sin\theta = 800 \times \sin(30^{\circ}) = 400$（牛頓）；

$F2 = F \times \cos\theta = 800 \times \cos(30^{\circ}) \approx 700$（牛頓）

騰空而起」的飛行狀態。

現在讓馬加速，以每秒十公尺的速度奔馳。此時繩索一直緊繃，游坦之跟著繩索以三十度角傾斜向上滑行，大約會受到二百牛頓的空氣阻力。該阻力會在他的身體下方分解出一個一百牛頓的浮力。一百牛頓的空氣浮力，四百牛頓的牽引分力，兩者相加是五百牛頓，完全抵銷了四百九十牛頓的重力。好了，游坦之全身離開地面，人肉風箏終於升空。

陳凱歌執導的奇幻電影《無極》中也有放人肉風箏的橋段：張東健用一根長長的繩子拉著張栢芝飛奔，他在地上跑，張栢芝在天上飛，場景相當浪漫。

如果張東健跑得夠快、張栢芝的飛行高度比他矮，這個場景還是比較符合物理定律的；但是陳凱歌過度追求畫面美感，將張栢芝吊鋼絲吊得太高，竟然讓她在張東健的頭頂飛，而且飛行姿勢與地面平行，沒有一個斜向上的傾角。

張栢芝在高處，張東健在低處，產生牽引作用的繩子向下傾斜，牽引力只能在張栢芝身上形成一個豎直向下的分力。張栢芝的身軀與地面平行，沒有斜向上的傾角，空氣阻力無法對她產生向上的浮力。透過受力分析可以得知，無論張東健跑得有多快，張栢芝都不會飛起來，只會在重力與牽引分力的共同作用下急速墜地，摔成香消玉殞。

當然，如果張東健的奔跑速度能達到驚人的第一宇宙速度（每秒七．九公里），並且沒有因為劇烈的空氣摩擦而燃燒起來，那麼張栢芝還是可以飛起來的。不，不是張栢芝一人飛起來，而是他們兩個一起飛起來，飛到地球上空做公轉運動，從此成為兩顆真正的「人造」衛星。

第三章

武俠世界的功和能

內力不是力

在武俠世界，不合常理的事特別多。

一個虎背熊腰的漢子和一個弱不禁風的紙片人PK，紙片人旋風般轉到漢子身後，用手指在他身上某個部位輕輕一戳，他就像雕像一樣無法動彈了。

一個光頭大和尚慢慢把一雙手放到水盆裡，他的手上沒有通電，水盆下面也沒有插頭，但是你很快就會發現，盆裡的水開始咕嘟咕嘟冒泡。再過一會，水竟然燒開了！

一個沒有腿的青年，出門坐轎或輪椅，上坡時要靠四個小孩抬著，但是到了關鍵時刻，他會飛：手一拍大地，全身騰空而起，如鼯鼠滑翔，如蜂鳥展翅，飛出幾十丈遠，再悄然落在一根顫顫悠悠的樹枝上，向敵人發出一擊必殺的暗器。

一個書法功底深厚的青年俠客，左手虎頭鉤，右手判官筆，擅長點穴和鎖拿敵人兵器，本身並不以膂力見長。但是，兩個大力士搬起兩塊幾百公斤巨石向他砸去，他竟然能接住。不但能接住，還能讓巨石改變運動方向，從自由落體變成垂直起飛。然後他縱身而起，坐到飛空的石頭上，再與石頭一起落地。

一個車軸漢子，在由職業乞丐和大批流浪漢組成的嚴密組織中擔任首領，性格寬厚，掌力驚人，於千軍萬馬中取上將頭顱，猶如探囊取物。他最神奇的一門武功叫做「擒龍功」，這門功夫不需要與物體接觸，只要一招手，地上的刀劍就會自動跳到他的手裡……

以上種種奇幻現象是因何產生的？是魔法？還是特異功能？其實都不是。弱者之所以能制服強者，手掌之所以能產生高溫，無腿之所以能飛上樹梢，文弱書生之所以能抬起巨石，車軸漢子之所以能隔空取物，都是因為她們或他們擁有內力。

內力是一種神奇的力量，是武俠世界中所有神功的基礎。一個人首先必須練出內力，然後才能練成點穴、輕功、大手印、火焰掌、擒龍功、倚天屠龍功……就像《射鵰英雄傳》中江南七怪教郭靖練武，怎麼教都教不好，全真教掌教馬鈺馬道長說他們「教而不明其法，學而不得其道」，指的就是江南七怪沒有教給郭靖內力。後來經過馬鈺的親自指導，郭靖練了半年，內力初有小成，「本來勁力使不到的地方，現下一伸手就自然而然地用上了巧勁；原來拚了命也來不及做的招術，忽然做得又快又準。」你看，內力就是這麼神奇。

物理學家給內力下過一個定義：我們做物理分析時，將一個系統內部的力叫做內力，將外部施加給這個系統的力叫做外力。

比如說小明和小強打架，如果將這兩個人當作一個系統來分析，則無論是小明拍向小強的掌力，還是小強踢向小明的蹬力，抑或是小明一口咬住小強耳朵的咬合力，統統屬於這個系統的內力。至於兩人所承受的重力、地面對他們的支持力、空氣對他們的阻力，以及第三方插手相助時所施加的力，則屬於外力。

如果將小明單獨當作一個系統，他所承受的每一拳、每一腳都是外力，他發招時每個關節對其他關節施加的拉力、推力、彈力、壓力就是內力。

如果繼續縮小系統邊界，將小明的手臂當作一個獨立的系統，此時他的軀幹對手臂的驅動力已經成為外力，只有上臂對前臂的驅動力、前臂對手掌的驅動力、手掌對手指的驅動力才是內力。

所以物理意義上的內力並不等於武俠世界的內力，絕對不能用內力的物理概念來理解它的武學意義。

既然如此，應該如何為武學意義上的內力下定義呢？

二十世紀八、九〇年代，中國正流行「氣功熱」，許多武林異人如雨後春筍般橫空出世，他們往往吹噓自己出身於中醫世家或武林世家，從幾歲起就開始學習博大精深的傳統文化，或經高手指導，或經刻苦悟道，終於修成高深內力，既可以隔空打人，又可以隔空取物。這些高手用我們的傳統文化來解釋內力，稱其為「內氣外放，外氣內收，要它衝哪就衝哪」。也就是說，內力是一種氣。還有些高手使用科學語言給予聽上去比較高科技的定義，例如將內力解釋為人體內部蘊含的生物電，透過手掌控制並釋放生物電的正負電荷，即可實現隔空打人、隔空取物、發功治病、帶功講課等不同效果。

人體內部蘊含生物電，這話是沒有錯誤的，不光人，狗身上也有生物電。但是這顆星球上除了電鰻和電鯰等海洋異類，絕大多數生物的生物電都特別微弱，只能在神經傳導時發揮作用，根本不可能對外界產生任何有影響的放電現象。那些武林異人如果真的修成內力，大概不是透過打坐修練，而是走上了基因改造的光明大道，用電鰻的基因改變了自己的基因，成功進化為變種人。近年來科技快速發展，一個又一個「氣功大師」紛紛倒臺，人們漸漸明白，現實生活中所謂的內力，無非是用機關、魔術、障眼法搞出來的騙人把戲。

內功不是功

內力還有一個名字，叫做「內功」。在武俠世界，如果有人誇你「內功高強」，和說「內力高深」是同樣的意思。物理概念中有「內力」，但沒有「內功」。如果硬要說有，也是為了分析方便，將一個系統內部所做的功特別稱為「內功」。

物理學所謂「功」，指的是物體在受力情況下運動位移的改變程度，它在數量上等於有效作用力與位移的乘積，國際單位是焦耳[1]。比如說《天龍八部》裡的喬峰抱著昏迷不醒的阿紫在深山老林裡前行，假如他每走一步所克服的阻力是五百牛頓，如此這般走了一萬公尺，則他對阿紫所做的功就是五百萬焦耳，相當於一千一百九十四千卡。再比如《俠客行》裡的謝煙客背著流浪兒童石破天爬上摩天崖，假如石破天的重量是二十公斤，受到的重力是二百牛頓，二人爬行的高度為一萬公尺，則謝煙客對石破天所做的功就是二百萬焦耳，相當於四百七十八千卡。

有些情況下，做功並不在宏觀位移上表現出來。例如《射鵰英雄傳》裡的靈智上人用掌力燒開一盆水，《鹿鼎記》裡的徐天川用掌力熔化一帖膏藥，《倚天屠龍記》裡的張無忌在練成乾坤大挪移之前，用掌力去推明教祕道裡的一塊巨石，但推不動。他們分別對不同的物體施加了力，而物體都沒有移動，是不是表明他們都沒有做功呢？當然不是。因為從微觀角度來分析，靈智上人的掌力加劇了水分子的無規則運動，徐天川的掌力加劇了膏藥分子的無規則運動，張無忌的掌力加劇了石頭分子的無規則運動，他們表面上沒有做功，但實際上卻對宏觀物體的每一個分子都做了功。

做功是要消耗能量的，這又涉及到另一個物理概念：能。

通俗來講，「功」是力對物體運動的改變程度，屬於過程量；而「能」則是物體本身所蘊含的力，屬於狀態量。也就是說，做了多少功，取決於已經在多大程度上改變了物體運動；而有多少能，卻取決於可以在多大程度上改變物體運動。

武俠世界有許多惡人，濫傷無辜，殺人如麻，不停做功。同時武俠世界也有許多內力高深但不問世事的隱士，既不傷害好人，也不阻攔惡人，就像一首歌裡唱的那樣：「化骨綿綿，祕笈扔一邊，兵器變廢鐵，織布和耕田。」這些隱士擁有很強的「能」，但是很少做功。從這個角度看，武俠世界的內力並不是力，內功也不是功，所謂內力和內功，其實都是「能」的俗稱。

物理世界有兩種能，一種是看得見、摸得著的「機械能」，一種是微觀意義上的「內能」。機械能是宏觀物體透過機械運動而產生的能，包括動能和位能。內能是物體內部透過分子熱運動和分子間作用力產生的能，可以根據不同的分類方式再細分為熱能、核能、光能、聲能、電磁能、化學能、生物能……

功和能之間是可以轉化的。一個物體對另一個物體做功，一定會造成能的增加或減少。更準確地說，做功會將一種形式的能變成另一種形式的能，而能的總量保持不變。這就是物理學上常講的能量守恆定律。

還是舉一個發生在武俠世界的案例來溫習一下能量守恆定律吧！古龍小說《風雲第一刀》中這樣描述小李飛刀的飛刀：

眼看這一劍已將刺穿他的心窩，誰知就在這時，諸葛雷忽然狂吼一聲，跳起來有六尺高，掌中的劍也脫手飛出，插在屋簷上。

劍柄的絲穗還在不停顫動，諸葛雷雙手掩住了自己的咽喉，眼睛瞪著李尋歡，眼珠都快凸了出來。

李尋歡此刻並沒有在刻木頭，因為他手裡那把刻木頭的小刀已不見了。

鮮血一絲絲自諸葛雷的手背縫裡流了出來。

他瞪著李尋歡，咽喉裡也在格格作響，這時才有人發現李尋歡刻木頭的小刀已到了他的咽喉上。

但沒有一個人瞧見這小刀是怎樣到他咽喉上的。

是的，李尋歡的飛刀太快，沒有人看到這把飛刀的運動過程，我們卻可以分析出他發射飛刀時功與能的轉化。

首先，他用手指彈力對飛刀做功，必將消耗一些內力，也就是他體內的生物能。飛刀激射而出，他的一部分生物能被轉化為飛刀的動能。飛刀克服空氣阻力和自身重力向前飛馳，運動速度變小，一部分動能被轉化為熱能。飛刀刺進諸葛雷的咽喉，將諸葛雷一擊斃命，但是由於肌肉和骨骼的強大阻力，它沒能穿體而出，末速度變為零，剩餘動能全部轉化為熱能。諸葛雷死了，他的生物能消失了，軀體很快會腐爛，化作塵土，為各種微生物和植物提供養分，最終會轉化為其他生物的生物能。

總而言之，小李飛刀隨隨便便發射出一柄飛刀，都會帶來功與能的轉化，而能的總量在各種轉化過程中總是保持不變，既沒有多創造一分，也沒有減損一分。

註解

1 $W = \vec{F} \cdot \vec{d}$，W表示功，$\vec{F}$表示作用力的向量，$\vec{d}$表示位移。

大俠的功率

任何形式的能都不會自動轉化為其他能，除非有人或物體對它做功。

再舉個例子。

《射鵰英雄傳》第二十九回，郭靖背著黃蓉去找一燈大師治療內傷，途中遇到一個農夫舉著一塊岩石以及岩石上的一頭黃牛，「瞧這情勢，必是那牛爬在坡上吃草，失足跌將下來，撞鬆岩石，那人便在近處，搶著托石救牛，卻將自己陷入這狼狽境地。」郭靖主動跑到農夫身邊，幫忙舉高了岩石和黃牛。按金庸在書中交代，岩石重一百五十公斤，黃牛重量與岩石相似，大約也是一百五十公斤。兩個物體的總重量為三百公斤，所受重力大約為三千牛頓。按照我們在物理課上學過的重力位能公式[1]，重力位能等於所受重力乘以離地高度，設岩石離地高度為二公尺，則岩石與黃牛的重力位能為六千焦耳。

假如郭靖不去幫忙，那個農夫的體力一定會慢慢耗盡，岩石與黃牛最終轟然落地。而根據我們學過的力學能守恆定律，六千焦耳的重力位能會在重力做功的作用下轉化為幾乎同等大小的動能（因空氣阻力造成的動能缺失在這裡可以忽略不計）。如此強大的動能一旦作用到農夫身上，會把他砸得骨斷筋折，七竅流血。好在郭靖出手了，他與農夫並力上舉，克服了重力做功的可能性，岩石與黃牛在空中靜止，於是那六千焦耳的位能始終無法轉化為動能。

你看，只要重力不做功，重力位能就無法轉化為動能。

再拿郭靖的師父哲別舉個例子。哲別是神箭手，挽強弓，射硬箭，彈性位能轉化為強大的動能，百公尺之外可以洞穿鎧甲。但假如哲別一直引而不發，弓弦的彈力就不能對箭做功，彈性位能就無法轉化為動能。

日常生活中也到處都有例證。就拿用電熱壺燒水來說，說到底還是電流通過電熱絲做功，將電能轉化成熱能。電熱壺燒水有快有慢，同樣一公升水，同樣是從室溫燒到沸騰，用甲種牌子的電熱壺三分鐘能燒開，用乙種牌子的電熱壺可能需要五分鐘才能燒開，這裡涉及物理學上另一個概念：功率。

所謂功率，當然是做功的效率，它在數量上等於做功多少與做功時間的比值，國際單位是瓦特，簡稱瓦。如果計算電流的功率，也可以直接用電流乘以電壓來得到，或透過做功時消耗的熱量值倒推出來。

前文說過，《射鵰英雄傳》裡有一位靈智上人，用掌力燒開過一盆水。設那盆水淨重二千克，初始水溫為四度，靈智上人燒水的時間為六百秒（一炷香左右）。將四度的二千克水加熱到一百度，至少需要十九萬二千卡的能量，換算成焦耳，是八十萬六千四百焦耳。將八十萬六千四百焦耳除以靈智上人做功的時間六百秒，就可以求出他用掌力燒水的功率：一千三百四十四瓦，和一個小功率的電熱壺差不多。

《倚天屠龍記》中張無忌的父親張翠山輕功一流，使出武當絕學「梯雲縱」，一下子可以躥到二丈高。設張翠山體重為六十公斤，受到的重力為六百牛頓，以梯雲縱功夫完成上躥的時間是一秒，我們也能求出他的功率：先用六百牛頓乘以上躥高度六公尺（二丈），得到他克服重力所做的功，再除以做功時間一秒，即可算出他的功率是三千六百瓦，相當於一個普通的電磁爐。

當然也可以換一種方法來計算張翠山在上躥過程中所做的功，例如使用動能定理[2]——力在作用過程中對物體所做的功等於這個過程中的動能變化量。

張翠山起跳時的動能為初動能，等於他的質量乘以速度的平方再乘以二分之一；他達到六公尺高度時的動能為末動能，這個末動能是零（因為此時速度為零）。用末動能減去初動能，就是張翠山在上躥過程中所做的功。已知末動能為零，現在只需要求出初動能。他的質量已知（六十公斤），只需要求出起跳速度。但是我們不知道張翠山上升過程中的加速度是多少，所以無法倒推出他的起跳速度，進而也就無法知道他的初動能。所以單憑動能定理無法算出他做的功。

如果加上機械能守恆定律就簡單多了：在空氣阻力可以忽略不計的情況下，張翠山只受重力和彈力（起跳時的驅動力就是彈力）的影響，他的初動能與他達到六公尺高度時的重力位能完全相等。已知他在六公尺高度的重力位能等於重力六百牛頓乘以高度六公尺，即三千六百焦耳，所以他的初動能也是三千六百焦耳，在上升過程中的動能變化量也是三千六百焦耳。

動能變化量就是張翠山所做的功，用這個功除以做功時間一秒，最終得到他的功率：三千六百瓦。

《倚天屠龍記》中還有一位「吸血蝙蝠」韋一笑，他的武功比張翠山要高，功率應該也比張翠山大。

做為金庸筆下輕功最強的高手，韋一笑瞬息之間可以奔出百公尺之遠。設他完成百公尺衝刺的「瞬息之間」為一秒，在如此驚人的高速運動中一定會受到超出重力好幾倍的空氣阻力，故此可以假定他在運動中需要克服二千牛頓的阻力。

先求他奔出百公尺所做的功：一百公尺乘以二千牛頓，結果是二十萬焦耳。再求出他的功率：二十萬焦耳除以一秒，結果是二百千瓦。二百千瓦換算成公制馬力為二百七十二匹，這個功率非常大，可與一輛普通跑車相媲美。

馬力為二百多匹的普通跑車，極限速度也只有每秒幾十公尺，並不能像韋一笑那樣快到每秒百公尺，這又是為什麼呢？因為功率是表明做功快慢的物理量，不是表明速度快慢的物理量。要知道，影響一輛汽車極限速度的因素除了功率，還有風阻和車身重量。功率相同的二輛車，一輛重三公噸，另一輛重一公噸，哪輛車跑得快，不是很明顯嗎？

蓮花汽車的創始人柯林·查普曼（Colin Chapman）有一句名言：「與其增加十匹馬力，不如減少十公斤。」韋一笑韋蝠王長得如瘦猴似的，體重還沒有跑車的零頭大，功率卻能與跑車相當，肯定跑得比跑車快了。

註解

1 重力位能 $U = mgh$，m為物體質量，g為重力加速度，h為物體高度。

2 動能 $K = \frac{1}{2}mv^2$，m為質量，v為速率。

大俠的額定功率

靈智上人燒水的功率相當於電熱壺，張翠山上躍的功率相當於電磁爐，韋一笑百公尺衝刺的功率相當於一輛跑車，那麼是不是可以說，韋一笑的功率一定最大，靈智上人的功率一定最小呢？

為了分析這個問題，我們不妨再引入兩個物理量：額定功率和最大功率。

和功率一樣，額定功率和最大功率的國際單位也是瓦。額定功率指的是一個設備在正常指標下可以長期穩定工作的最大功率，而最大功率則是這個設備在所有相關指標都達到最佳條件時可能達到的極限功率。

每輛汽車的副駕車門下方或發動機艙的內壁都有一個銘牌，標記著這輛車的品牌、型號、排量、出廠日期以及額定功率。如果額定功率欄寫著「100KW」，意思就是說這輛車正常行駛時最多可以輸出一百千瓦的功率。平常你在市區範圍內駕駛這輛車，油門不會踩到底，實際功率比額定功率小。假如不怕死，在高速公路上拚命超車，實際功率可能會比額定功率大。當實際功率愈來愈大、愈來愈大，車身像癲癇發作一樣狂抖，發動機像衝進地獄一樣狂吼，一陣陣黑煙從排氣管裡竄出來時，這輛車就會達到最大功率。如果你堅持以最大功率開車，一般堅持不到十分鐘，車就會被你毀掉。

武俠小說裡描寫高手出招，有時候會說他們使出了幾成功力，如三成功力、五成功力、八成功力、十成功力甚至十二成功力等。這裡的「功力」其實與物理世界的功率相當，我們可以將八到十成的功力看成是額定功率，將十成以上的功力看成是最大功率。

我們在生活中也會有一些較為形象化的表述，例如「正常發揮」、「把吃奶的力氣都使了出來」、「我已用盡洪荒之力」之類。其中「正常發揮」就是額定功率，「吃奶的力氣」和「洪荒之力」就是最大功率。

靈智上人用掌力燒水，氣不長出，面不改色，尚未輸出額定功率。韋一笑瞬息之間衝刺百公尺，那是他施展輕功的巔峰狀態，差不多已經輸出了額定功率。張翠山「右腳在山壁一撐，一借力又縱起兩丈」，卻是他在和謝遜比武時做到的，一旦比輸就要被殺，正如金庸原文中所寫的：「此時面臨生死存亡的關頭，如何敢有絲毫大意？」故此可以將他輸出的功率視為最大功率。換句話說，他平常沒有這麼厲害，這一回能上躥兩丈來高，下一回未必做得到。

汽車功率受限於發動機的各項參數，武林人物的功率也受限於他們各人的稟賦和內力。內力達不到，硬要以最大功率來擊傷對手，自己也會反受其害。《倚天屠龍記》中「金毛獅王」謝遜和崆峒派高手的內功火候尚有不足，偏要練威力強大的七傷拳，久而久之，心脈受損，就是因為額定功率不夠用，長期輸出最大功率的緣故。張無忌曾經為崆峒派高手做過一番解說：「七傷拳自是神妙精奧的絕技，我不是說七傷拳無用，而是說內功修為倘若不到，那便練之無用。若非內功練到氣走諸穴、收發自如的境界，萬萬不可練這七傷拳。」但是崆峒派高手沒學過物理學，聽不進他的道理。

溫里安小說《群龍之首》描寫過有橋集團的總裁助理米蒼穹以打狗棒偷襲天下第一高手關七的場面：

> 他一出手，就把手中的打狗棒疾刺而出，刺向關七的背心第七根脊椎骨。
>
> 他知道關七有點痴，一個有些痴的人，第五、第七根脊骨一定有點問題。
>
> 他就往那兒戳去。
>
> 畫龍須點睛，擒賊先擒王，如今他要打殺一個人，就要往他的致命傷、要害和罩門攻去！
>
> 他這一棍刺出，嗤的一聲，也無甚特別。但他的杖尖這才揚起，他的右鼻已激淌下一

行鼻血。

這一招，他是乍然運聚了莫大的元氣和內勁。

米蒼穹以最大功率攻擊了一次，就這麼一次而已，他自己的鼻血就流出來了。打個不恰當的比方，米蒼穹「乍然運聚了莫大的元氣和內功」的這一招，從側面證明了讓發動機超負荷運轉的危害有多大。

按照功率和功的計算公式，功率等於功除以做功時間，而功則等於作用力乘以位移，位移除以做功時間就是速度，所以功率等於作用力與速度的乘積。將這個推導出來的關係式放在汽車發動機的領域來表述，發動機功率等於汽車牽引力與行駛速度的乘積。

發動機的額定功率是固定的，只要想增大牽引力，就要降低速度。所以平常開車爬陡坡或長坡的時候，一定要及時把檔位降下來，降低發動機的轉速，以此來提升汽車的動力。如其不然，發動機只能被迫超出額定功率運轉，好比一個高手被迫將內力發揮到極限，最終會讓自身受到傷害。

與溫里安筆下的米蒼穹相比，金庸筆下的張無忌更懂得運用物理定律。

《倚天屠龍記》第二十回，張無忌練成乾坤大挪移，走到一座原先無論如何用力都推不開的石門前面，用右手按在石門上，微微晃動，緩緩用力，那座石門被他緩緩打開了。

大家一定要注意「緩緩」這兩個字。眾所周知，乾坤大挪移只是教人「運勁用力的一項極巧妙法門」，並不能提升內力。所以呢，張無忌的額定功率沒有增加，為了推開石門，他「緩緩」用力，說明他掌握了透過降低速度來提升牽引力的物理知識。

高手相撞和動量守恆

武學之道千變萬化，高深莫測，物理學也是如此。為了達成某個效果，有時要降低速度來提升牽引力，有時則要提高速度來增強慣性力。小李飛刀的飛刀為什麼能在百曉生兵器譜中排名第三？並且還能打敗排名第二的上官金虹？不就是因為發射飛刀的速度太快嘛！

在經典物理學中，一柄飛刀的質量是恆定的，它的速度愈快，動量就愈大；動量愈大，慣性力就愈大；慣性力愈大，對敵人造成的殺傷力就愈大。

現在我們又提到一個物理概念：動量。

什麼是動量？就是物體質量與其速度的乘積，國際單位是公斤·公尺／秒（kgm/s）[1]。

物理學上有一個動量守恆定律：在合外力為零的情況下，一個系統的總動量保持不變。比如我們打撞球，球桿驅動母球，母球撞擊目標球，目標球隨之滾動。將母球與目標球當作一個系統，這個系統受到的外力是地心引力和球檯支援力，只要檯面未下陷，球未落地，引力和支援力就是一對平衡力，說明這個系統受到的合外力為零，所以系統內部的母球和目標球一定遵循動量守恆定律。

根據動量守恆定律，我們可以預測到目標球被撞擊後的運動情形。

假定母球和目標球的質量都是〇．二公斤，母球以每秒十公尺的速度滾動，則其動量為二公斤．公尺／秒。再假定母球以直線軌跡準確撞擊在目標球上，母球的動量就會突然消失，而目標球則會馬上獲得二公斤．公尺／秒的動量，隨即以每秒十公尺的速度滾動出去。

如果母球的質量大於比目標球的質量，當母球以十公尺每秒的速度撞到目標球時，母球仍會向前運動，但是速度會減小，它失去的動量被轉移到目標球身上，目標球將以超過十公尺／秒的速度滾動出去。

如果母球的質量小於目標球的質量，當母球以十公尺／秒的速度撞到目標球時，母球會被彈回來，彈回的速度小於十公尺／秒，目標球會向前滾動，滾動的速度也將小於十公尺／秒。

以上幾種情形都不是憑空想像出來的，而是按照動量守恆定律推算出來的必然結果。如果不信，不妨親自做做實驗，相信實驗結果一定與推算結果一致。

動量守恆定律是分析碰撞運動的強大武器，既適用於宏觀世界，也適用於量子世界，還可以用它來解釋武俠世界中的碰撞運動。

《笑傲江湖》第十三回，林平之的表兄弟碰撞了令狐沖的好友綠竹翁：

眼見綠竹翁交了那包裹後，從船頭踏上跳板，要回到岸上，兩兄弟使個眼色，分從左右向綠竹翁擠了過去。二人一挺左肩，一挺右肩，只消輕輕一撞，這糟老頭兒還不摔下洛水之中？雖然岸邊水淺淹不死他，卻也大大削了令狐沖的面子。令狐沖一見，忙叫：「小心！」正要伸手去抓二人，陡然想起自己功力全失，別說這一下抓不住王氏兄弟，就算抓上了，那也全無用處。

他只一怔之間，眼見王氏兄弟已撞到了綠竹翁身上。

王元霸叫道：「不可！」他在洛陽是有家有業之人，與尋常武人大不相同。他兩個孫兒年輕力壯，倘若將這個衰翁一下子撞死了，官府查究起來那可後患無窮。偏生他坐在船艙之中，正和岳不群說話，來不及出手阻止。

但聽得波的一聲響，兩兄弟的肩頭已撞上了綠竹翁，驀地裡兩條人影飛起，撲通撲通兩響，王氏兄弟分從左右摔入洛水之中。那老翁便如是個鼓足了氣的大皮囊一般，王氏兄弟撞將上去，立即彈了出來。他自己卻渾若無事，仍是顫巍巍的一步步從跳板走到岸上。

王氏兄弟同時撞在綠竹翁身上，想把綠竹翁撞倒，但是事與願違，被撞的綠竹翁沒事，他們二人卻被彈到水裡。

我們可以將王氏兄弟與綠竹翁當作一個系統，三人所受的重力與地面對他們的支持力相抵銷，旁觀眾人也沒有插手干涉，系統合外力為零，符合動量守恆定律的前提條件。設王氏兄弟的總質量為一百公斤，運動速度為每秒五公尺，運動方向一致，則其二人的總動量為五百公斤·公尺／秒。綠竹翁孤身一人，質量大約相當於王氏兄弟的二分之一，為五十公斤，他年邁體衰，行動遲緩，顫巍巍地往前走，運動速度大約為每秒一公尺，動量大約為五十公斤·公尺／秒。

動量有方向，屬於向量。王氏兄弟向綠竹翁撞去，他們的動量與綠竹翁相反，如果將綠竹翁的動量當作負值，則三人相撞之前的動量和為四百五十公斤·公尺／秒，三人相撞以後的動量和也將是四百五十公斤·公尺／秒。

王氏兄弟質量較大，速度較快，撞擊後本應繼續前行，速度大約降低到每秒四公尺或每秒三公尺，動量大約降低到四百公斤·公尺／秒或三百公斤·公尺／秒。根據動量守恆定律，在不考慮地面摩擦力的情況下，綠竹翁被撞後將改變運動方向，以每秒一公尺或每秒三公尺的速度反彈出去。可是金庸描寫的實際情況卻是王氏兄弟被倒射出去，綠竹翁的運動方向和運動速度都沒有變化，這是為什麼呢？

合理的解釋有兩條。

第一，綠竹翁在被撞的瞬間突然加速，從每秒一公尺變成每秒十公尺以上。當撞擊發生後，他會以更高的速度反彈出去，而王氏兄弟也將以較低的速度反彈出去，否則就違背了動量守恆定律。與此同時，綠竹翁使出千斤墜功夫，增大了自己與地面的摩擦力，克服了突如其來的彈力，故能巋然不動。而王氏兄弟功夫太差，克服不了彈力，故被彈落水中。

第二，綠竹翁練成了一種能隨意增大自身質量的神奇武功，在被撞的瞬間突然變重，從五十公斤變成五百公斤以上。當撞擊發生後，他的速度基本不變，王氏兄弟只能被迫改變運動速度，以每秒五公尺以上的速度反彈出去，否則依然違背動量守恆定律。

註解

1 動量 p = mv，m 為質量，v 為速度。由於 v 是向量，因此 p 也是向量。

乾坤大挪移的物理原理

當合外力為零，系統的動量一定守恆，但系統內單個物體的動量卻可以變化。物理學將單個物體受力之後的動量變化程度叫做「衝量」[1]，它的國際單位也是公斤．公尺／秒，但在數量上等於受力後動量與受力前動量的差，又等於作用力與作用時間的乘積。由此可見，衝量既可以反映動量的變化量，又可以反映作用力在時間上的累積效應。

例如平常開車猛踩幾腳油門，使引擎牽引力達到最大值，再完全鬆開油門，讓汽車在慣性定律作用下往前滑行，引擎牽引力的衝量就會很小，汽車的動量變化便不十分明顯；如果猛踩油門不放，讓車速提升到最高速，引擎牽引力的衝量就會很大，汽車的動量變化將十分可觀。也就是說，牽引力沒變，但是牽引力的作用時間變化了，衝量也會隨之變化。反過來說，如果一個物體的衝量不變，只要改變力的作用時間（等價於動量的變化時間），作用力同樣會隨之改變。

為了表述方便，可以將產生衝量的作用力叫做「衝力」。衝力的單位是牛頓，在數量上等於衝量除以衝力作用時間（或動量變化時間）。衝量固定時，衝力作用時間愈短，衝力就愈大；衝力作用時間愈長，衝力就愈小。

《射鵰英雄傳》中有一路拳法叫「七十二路空明拳」，由老頑童周伯通獨創，被周伯通的結拜兄弟郭靖學會。這路拳法的本質是以柔克剛，外在表現是打在樹上而樹不搖晃：

這一掌拍得極重，聲音傳到山谷之中，隱隱的又傳了回來。洪七公一驚，忙問：「靖兒，你剛才打這一掌，使的是什麼手法？」郭靖道：「怎樣？」洪七公道：「怎麼你打得如此重實，樹幹卻沒絲毫震動？」郭靖甚感慚愧，道：「我適才用力震樹，手膀疲了，是以沒使勁力。」洪七公搖頭道：「不是，不是，你拍這一掌的功夫有點古怪。再拍一下！」

手起掌落，郭靖依言拍樹，聲震林木，那松樹仍是略不顛動，這次他自己也明白了，道：「那是周大哥傳給弟子的七十二路空明拳手法。」

郭靖學過降龍十八掌，掌力剛猛無雙，打在樹上而樹不搖晃，說明他延長了動量或衝力的變化時間，將剛猛的掌力變輕柔了。

《倚天屠龍記》第八回，金毛獅王謝遜向張翠山夫婦演示七傷拳，也是延長動量的變化時間，將剛猛的拳力變得輕柔，好像根本沒有打過那一拳似的。

謝遜問道：「五弟，你瞧出了其中奧妙麼？」張翠山道：「我見大哥這一拳去勢十分剛猛，可是打在樹上，連樹葉也沒一片晃動，這一點我甚是不解。便是無忌去打一拳，也會搖動樹枝啊！」

無忌叫道：「我會！」奔過去在大樹上砰的一拳，果然樹枝亂晃，月光照映出來的枝葉影子在地下顫動不已。

張翠山夫婦見兒子這一拳頗為有力，心下甚喜，一齊瞧著謝遜，等他說明其中道理。謝遜道：「三天之後，樹葉便會萎黃跌落，半個月後，大樹全身枯槁。我這一拳已將大樹的脈絡從中震斷了。」

張翠山和殷素素不勝駭異，但知他素來不打誑語，此言自非虛假。謝遜取過手邊的屠龍寶刀，拔刀出鞘，擦的一聲，在大樹的樹幹上斜砍一刀，只聽得砰嘭巨響，大樹的上半段向外跌落。謝遜收刀說道：「你們瞧一瞧，我『七傷拳』的威力可還在麼？」

張翠山三人走過去看大樹的斜剖面時，只見樹心中一條條通水的筋脈已大半震斷，有的扭曲，有的粉碎，有的斷為數截，有的若斷若續，顯然他這一拳之中，又包含著數般不同的勁力。張、殷二人大是歎服。張翠山道：「大哥，今日真是叫小弟大開眼界。」

動量的變化時間延長，直接作用在樹上的衝力減少，表面上看不出任何傷害，但是謝遜的內力（某種不可思議的生物能或電磁能）卻在此期間透入樹幹，將一棵看似完好無損的大樹打出了嚴重內傷。

謝遜是張無忌的義父，幼年張無忌不懂如此高深的武學道理，直到修習乾坤大挪移之後才明白過來。

話說《倚天屠龍記》第二十七回，六大派高手被趙敏困在萬安寺塔，大火從塔底一層層往上燒起，眾高手只能一層層往上逃，逃到第十層，到頂了，再也沒地方去了。想施展輕功往下跳，離地已有十丈，無論輕功多麼高明的人都會摔死。韋一笑想在高塔和相鄰建築之間綁一條繩索，讓六大派高手像雜技演員走鋼絲那樣逃到附近的大廈去，可惜剛剛拉起的繩子又被神箭八雄射斷了。想打電話報警，大俠們都沒帶手機，即使帶了，信號也會被無所不能的趙敏給遮罩掉。故此六大派高手望眼欲穿，都盼著明教能派直升機過來，然而當時是元朝，哪裡來的直升機呢？

就在高手們閉眼等死的時候，明教教主張無忌像蝙蝠俠那樣及時趕來了。他站在地面上，朝塔頂眾人喊道：「跳下來吧，我接住你們！」可是誰也不信他的話。為什麼呢？離地太高，衝力太大，張無忌根本接不住嘛！

我們不妨試算一下張無忌在地上接人時可能受到的力。

張無忌接人時會受到兩種力，一是跳塔人的重力，二是跳塔人的衝力（重力在時間上累積而成的效果力）。兩個力的方向相同，根據力的合成法則，其合力等於跳塔人的重力加上跳塔人的衝力。

跳塔人的重力很容易算，用人體質量乘以重力加速度就行了。我們知道，萬安寺塔位於元大都，元大都就是現在的北京，北京的重力加速度為九・八〇一。假定六大派男性高手平均體重八十公斤，滅絕大師和周芷若等女性高手平均體重五十公斤，則每位男性高手的重力為七百八十四牛頓，女性高手的重力為四百九十牛頓[2]。

跳塔人的衝力算起來比較複雜一些。首先我們得知道跳塔時的初速度和末速度，還要知道從塔頂到地面所需時間。如前所述，眾高手跳塔前離地十丈，十丈即一百尺，元代官尺長三十・七公分，一百尺即三十・七公尺，這是眾高手的下落距離。按照自由落體公式，下落距離等於自由落體加速度乘以下落時間的平方再乘以二分之一[3]。下落距離已知，自由落體加速度已知，可求出下落時間大約為二・五秒。再根據加速度公式[4]（加速度等於末速度減去初速度再除以下落時間），加速度已知，初速度取零，求出跳塔人落地的末速度約為每秒二十四・五公尺。

有了末速度，又知道質量，兩者相乘，可以算出眾高手在被張無忌接到那一瞬間的動量。已知跳塔人質量分別為八十公斤（男性高手）和五十公斤（女性高手），末速度為每秒二十四・五公尺，求得他（她）們的動量分別為一千九百六十公斤・公尺／秒和一千二百二十五公斤・公尺／秒。

張無忌站在地面上接高空墜落的眾位高手，相當於要在極短時間內將每個高手的動量變成零。設這個極短時間為〇・一秒，根據衝力等於衝量（動量變化量）除以作用時間的公式，他接住男性高手時受到的衝力是一千九百六十公斤・公尺／秒除以〇・一秒，即一萬九千六百牛頓；接住女性高手時受到的衝力是一千二百二十五公斤・公尺／秒除以〇・一秒，即一萬二千二百五十牛頓。

衝力加上重力，等於張無忌接人時受到的合力。我們很容易就能算出來，張無忌接男性高手時受到的合力是二萬零三百八十四牛頓，接女性高手時受到的合力是一萬二千七百四十牛頓。這兩個力分別相當於二千零八十公斤重的物體和一千三百公斤重的物體壓在張無忌的手臂上。由此可見，不管是哪位高手跳下來，張無忌都接不住。如果他硬撐著去接，他的雙臂和脊椎將會同時折斷。就算張無忌有神功護體，六大派高手也承受不了他以巨力接人時對他們產生的反作用力啊！

但是張無忌很神奇，他會乾坤大挪移神功，用這門神功接人，不但自己沒事，眾高手也完好無損。

張無忌是怎麼做到的呢？只有一個可能：他延長了動量的變化時間，使跳塔人的動量在很長的時間裡慢慢轉化為零。動量的變化時間愈長，衝力就愈小，當變化時間趨近於無窮大時，衝力就等於零了。衝力等於零以後，只剩下重力產生作用，張無忌從高空接人等於在平地抱人，當然沒問題。

現在大家可以發現，武功練到極處，武學道理是共通的。空明拳也好，七傷拳也好，乾坤大挪移也好，歸根結柢都是改變動量的變化時間。

話說到這裡，如果大家還沒有明白，不妨再想想生活中的一個小常識：玻璃杯掉在地板上容易碎，掉在厚厚的地毯上卻不會碎。因為掉在地板上時，動量的變化時間很短，衝力大；掉在地毯上時，動量的變化時間很長，衝力小。

註解

1 衝量$J=F\cdot t=\Delta p$，F為作用力，t表示時間，Δp表示動量變化。

2 根據 $F = ma$，跳塔重力分別為男性 $80 \cdot 9.801 = 784$ 牛頓，女性 $50 \cdot 9.801 = 490$ 牛頓。

3 自由落體下落的距離 $X = \frac{1}{2}gt^2$，因此求得下降時間為 2.5 秒。

4 加速度 $a = \frac{\Delta v}{\Delta t}$，假設為 a為 9.8，已知時間變化量為 2.5 秒，初速度為 0，速度變化量及末速度便可知為24.5 公尺／秒。

乾坤大挪移的罩門

具體而言，張無忌是怎樣用乾坤大挪移來延長動量變化時間的？

我們再次翻開《倚天屠龍記》第二十七回，接著看後面的情節：

他一動念間，突然滿場遊走，雙手忽打忽拿、忽拍忽奪，將神箭八雄盡數擊倒。此外眾武士凡是手持弓箭的，都被他或斷弓箭，或點穴道。眼看高塔近旁已無彎弓搭箭的好手，縱聲叫道：「塔上各位前輩，請逐一跳將下來，在下在這裡接著！」

塔上諸人聽了都是一怔，心想此處高達十餘丈，跳下去力道何等巨大，你便有千斤之力也無法接住。崆峒、崑崙各派中便有人嚷道：「千萬跳不得，莫上這小子的當！他要騙咱們摔得粉身碎骨。」

張無忌見煙火彌漫，已燒近眾高手身邊，眾人若再不跳，勢必盡數葬身火窟，提聲叫道：「俞二伯，你待我恩重如山，難道小侄會存心相害嗎？你先跳罷！」

俞蓮舟對張無忌素來信得過，雖想他武功再強，也決計接不住自己，但想與其活活燒死，還不如活活摔死，叫道：「好！我跳下來啦！」縱身一躍，從高塔上跳將下來。

張無忌看得分明，待他身子離地約有五尺之時，一掌輕輕拍出，擊在他的腰裡。這一掌中所運，正是「乾坤大挪移」的絕頂武功，吞吐控縱之間，已將他自上向下的一股巨力撥為自左至右。

俞蓮舟的身子向橫裡直飛出去，一摔數丈，此時他功力已恢復了七、八成，一個迴旋，已穩穩站在地下，順手一掌，將一名蒙古武士打得口噴鮮血。他大聲叫道：「大師哥、四師弟！你們都跳下來罷！」

塔上眾人見俞蓮舟居然安好無恙，齊聲歡呼起來。

金庸交代得清楚。張無忌使出乾坤大挪移，一掌拍在跳塔人的腰間，將垂直向下的自由落體運動變成了自左至右的橫向運動。

OK，當跳塔人從自由落體變成橫向運動以後，仍然沒有擺脫重力的影響，在橫向上會有一個速度（被張無忌拍擊的速度），在垂直方向也有一個速度（自由落體速度），他們在做拋物線運動中的平拋運動，按照水準拋物線的軌跡飛行，最終落在距離自由下落點不遠的地方。

高中物理講過平拋運動的下落速度，其實與自由落體的速度是相同的。換句話說，張無忌往人家腰間橫拍一掌，僅改變了運動軌跡，無法減小下落速度。根據前面算出的自由落體運動數據，無論張無忌橫拍的力度有多大，無論跳塔人橫飛的距離有多遠，他們的下落時間都是二．五秒，落地的末速度都是每秒二十四．五公尺，在垂直方向上承受的重力加衝力都是一萬多牛頓，除非地面上早就鋪設了厚厚的地毯，否則都逃不過活活摔死的結局。

所以，金庸說俞蓮舟橫飛數丈，居然完好無恙，那是不符合物理定律的，是對乾坤大挪移表述上的一個小 bug。正確說法應該是這樣：

俞蓮舟對張無忌素來信得過，雖想他武功再強，也決計接不住自己，但想與其活活燒死，還不如活活摔死，叫道：「好！我跳下來啦！」縱身一躍，從高塔上跳將下來。

張無忌看得分明，待他身子離地約有五尺之時，一掌輕輕拍出，擊在他的腰裡。這一掌中所運，正是「乾坤大挪移」的絕頂武功，吞吐控縱之間，已將他自上向下的一股巨力撥為自左至右。

俞蓮舟的身子向橫裡直飛出去，一摔數丈，啪的一聲落在地上，口噴鮮血，四肢斷折。在彌留之際，他用微弱的聲音斷斷續續地說道：「大師哥……四師弟……你們都不要……都不要跳……平拋運動改變不了……下落速度……」

塔上眾人見俞蓮舟居然活活摔死，齊聲叱罵起來。

不過金庸筆下的其他橋段還是可信。例如《射鵰英雄傳》第十二回，初出江湖的郭靖PK功力深厚的梁子翁：

郭靖急忙閃避，梁子翁已乘勢搶上，手勢如電，已扭住他後頸。郭靖大駭，回時向他胸口撞去，不料手肘所著處一團綿軟，猶如撞入了棉花堆裡。

同書第二十七回，丐幫長老魯有腳PK鐵掌幫主裘千仞：

魯有腳身經百戰，雖敗不亂，用力上提沒能將敵人身子挪動，立時一個頭錘往他肚上撞去。他自小練就銅錘鐵頭之功，一頭能在牆上撞個窟窿。某次與丐幫兄弟賭賽，和一頭大雄牛角力，兩頭相撞，他腦袋絲毫無損，雄牛卻暈了過去，現下這一撞縱然不能傷了敵人，但雙手必可脫出他的掌握，哪知頭頂剛與敵人肚腹相接，立覺相觸處柔若無物，宛似撞入了一堆棉花之中。

還有《書劍恩仇錄》第十九回，大內太監武銘夫PK武當名家陸菲青：

武銘夫笑道：「咱們親近親近。」兩人各自伸手，來握陸菲青與趙半山的手。他們上樓時抓陸、趙二人肩頭不中，很不服氣，這時要再試一試。遲玄學的是六合拳，武銘夫專精通臂拳。兩人一握上手，使勁力捏，存心要陸、趙叫痛。哪知遲玄用力一捏，趙半山手滑溜異常，就如一條魚那樣從掌中滑了出去。陸菲青綽號「綿裡針」，武功外柔內狠。武銘夫一使勁，登時如握到一團棉花，心知不妙，疾忙撤手。

你看，郭靖肘擊梁子翁，魯有腳頭撞裘千仞，武銘夫手捏陸菲青，用的都是猛勁，能致對手重傷。可是他們遇到了精通物理知識的高手，人家將受力部位變得柔軟異常，延長了時間，減小了衝力，化解了狠招，保護了自己。什麼是高手？這就是高手。

斷臂飛出能打人

前文探討了衝力，現在再探討一下反衝力。

老規矩，先看武俠橋段：

這麼一說，胡斐心頭許多疑團，一時盡解。只覺此事怨不得馬春花，也怨不得福康安，商寶震殺徐錚固然不該，可是他已一命相償，自也已無話可說，只是想到徐錚一生忠厚老實，明知二子非已親生，始終隱忍不言，到最後卻又落得如此下場，深為惻然，長長歎了口氣，說道：「秦大哥，此事已分剖明白，算是小弟多管閒事。」輕輕一縱，落在地下。

秦耐之見他落樹之時，自已絲毫不覺樹幹搖動，竟是全沒在樹上借力，若不細想，那也罷了，略一尋思，只覺得這門輕功實是深邃難測，自己再練十年，也是決計不能達此境界，不知他小小年紀，何以竟能到此地步？他又是驚異，又感沮喪，待得躍落地下，見胡斐早已回進石屋去了。

這兩段文字出自《飛狐外傳》，描寫了胡斐的奇特輕功：從樹上跳下時居然毫不借力，樹身沒有一絲一毫晃動，無聲無息就跳下來了，彷彿我們常說的「阿飄」。

每個物體都有一個重心，也就是所有外力作用方向都彙聚在一處的交叉點。一個物體想要站立，從它重心引下來的垂直線必須落在它的底面區域，否則就會歪倒。人站立的時候亦然，只有當從重心引下來的垂直線落在雙腳外緣所構成的平面範圍內，才不會跌倒。

想要移動我們的身體，首先必須移動重心，否則寸步難行。舉個最簡單的例子：你坐在椅子上，上身固定在椅背上不許晃動，雙腿固定在地面上不許移動，這樣就沒辦法站起來。因為身體的重心正處於肚臍以上靠近後背的部位，從這裡引下的垂線正落在腳後跟的後面，只要雙腳不往後移，上身不往前傾，人是絕對站不起來的。

秦耐之是老江湖，懂得這個常識，所以胡斐讓他非常驚訝：咦，你小子上身不往前傾，雙腿不往後擺，也沒有用手在樹上借力，身體的重心一直保持在原來的位置，怎麼就能離開呢？

從物理學角度來探祕，胡斐一定是利用了反衝力。

我們再回顧一下動量守恆定律：當一個系統所受合外力為零，系統內部所有物體的總動量保持不變。

假如這個系統內部只有一個物體，這個物體突然分裂成運動方向相反的兩個部分，而且使其分裂的作用力是從物體內部產生的，合外力為零，則根據動量守恆定律，分裂後的兩個物體總動量一定等於該物體分裂前的動量。

為了不違背動量守恆定律，分裂出的一部分朝某個方向運動時，另一部分一定會朝反方向運動。我們將這種現象稱為「反衝」，並把使分裂物體朝反方向運動的效果力稱為「反衝力」，俗稱為「後座力」。

舉例來說，一把已經上膛的手槍是一個物體，待在槍手手裡，速度為零，動量為零，合外力為零。槍手開了一槍，射出一顆子彈，相當於將一個物體分裂成兩部分：一部分是手槍，一部分是那顆已經射出的子彈。子彈向前運動，獲得了動量，手槍必定獲得一個大小相等、方向相反的動量，進而形成一個向後運動的反衝力。這個突然形成的反衝力會讓手感覺到猛然一震，槍手需要握緊槍身，用手掌的摩擦力克服反衝力，否則手槍會向後飛出，打在槍手的鼻梁或其他部位上。

再舉個例子。一枚火箭上綁著火藥筒，速度為零，動量為零，合外力為零。你點燃藥撚，火藥筒裡的火藥開始燃燒，爆炸式的氣流噴射而出，不停將火箭分裂成兩部分：一部分是火箭，一部分是噴出的氣流。氣流獲得了向後的動量，火箭必定獲得向前的動量。動量是質量與速度的乘積，火箭的質量持續變小（因為火藥愈來愈少），速度則隨著反衝力累積而持續增加。噴射機之所以能高速飛行，火箭之所以能將衛星送上太空，就是因為這個道理。

現在回到武俠世界，看胡斐怎樣才能在重心不轉移的情況下從樹上離開。

第一，他可以像鳥兒揮動翅膀一樣，快速搧動雙臂，對空氣施加壓力，隨之得到反作用力，再以輕功減小自身重量，靠空氣的反作用力飛離樹枝。不過根據常識，不管他的重量有多輕，不管空氣對他的反作用力有多大，樹枝都會晃動一下。大家有機會可以觀察鳥兒從樹上飛走的畫面，樹枝沒有不晃的，愈細的樹枝晃得愈明顯。

第二，他可以運起氣功，放一個不響也不臭但是速度很快的屁。這個屁是從他身上分裂出的一部分，會給他提供一個反衝力。屁向下運動，他必然向上運動；屁向後運動，他必然向前運動。假如這個屁的方向是斜向下，他的運動方向就是斜向上。只要屁的速度足夠快，就能使他獲得一個大到可以抵銷重力的反衝力，最終使他無聲無息地飛離樹枝。

大家千萬不要認為放屁很困難，對於一個高手來講，屁是隨時就能有的。《射鵰英雄傳》第二十二回，金庸明確說明：「平白無端地放一個屁，在常人自然極難，但內功精湛之輩一生習練的就是將氣息在周身運轉，這件事卻是殊不足道。」

胡斐利用反衝力離開樹枝，看起來很酷，其實並無實際用途。想從樹上下來，完全可以用傳統方法，傾斜上身，擺動雙腿，用手往下一按，借助反作用力離開樹枝，在重力影響下落到地面。如果避免摔傷，抱著樹身爬下來也是可以的。

溫里安《說英雄．誰是英雄》系列中塑造了一個武功奇高的大反派元十三限，他才是利用反衝力的絕頂高手：

他的左臂與他的身體倏然分了家！

左臂就像一支怒射的箭。

身體如張滿了弓。

箭穿破竹簡板索。

穿破了魯書一的胸膛！

這一擊之後，元十三限就藉著擊殺弟子魯書一所回復的內力，全面、全力、全心、全意，但並非全身的撤退。

元十三限的左手被大徒弟魯書一困住了，其他徒弟趁機向他圍攻，他無計可施，性命難保，在此危急時刻，只能用驚人內力在自己左肩製造一個驚人的爆炸力，驅動左臂飛離身體。這時候，他的身體就像一把手槍，他的左臂就像一顆子彈，子彈飛射而出，擊穿了大徒弟的胸膛，身體借反衝力後退，擺脫了其他徒弟的攻勢。是的，他失去了一條胳膊，卻救回了自己一條命。

在金庸武俠《天龍八部》裡，段譽為了救王語嫣，一招六脈神劍切斷了一個惡頭陀的右臂。那頭陀異常驃悍，急怒之下狂性大發，左手抄起右臂，猛吼一聲向段譽擲來。段譽沒躲開，被那隻斷臂重重打了一個耳光。這一下打得段譽頭暈眼花，腳步踉蹌，大叫道：「好功夫！斷手還能打人。」這段描寫說明段譽沒學過物理，只要反衝力夠大，斷臂尚能殺人，何況打人？

第四章

武俠世界的聲和光

雷射發射器

金庸、古龍、梁羽生並稱「中國武俠小說三大宗師」，凡是愛看武俠小說的朋友，對他們肯定非常熟悉。與這三大宗師相比，溫里安要年輕得多，筆法也新奇得多，所以被稱為「新派武俠代表人物」。

溫里安確實新派，他塑造的武俠世界形式新奇，不像金庸那樣將琴棋書畫變成武功，也不像梁羽生那樣讓男女主角出口成誦，他另闢蹊徑，把物理學寫進了武俠小說。學過物理學的讀者讀他的書，可以從打鬥場面中看到光學、聲學、航太、相對論，甚至還能聯想起量子力學中最前線的問題，例如「人的意識影響世界」、「念力可以操縱物體」等假說。

現在先談談溫里安筆下的光學。

翻開《神相李布衣》系列第五部《天威》，找到第二部分第五章〈水和土〉，可以看到如下畫面：

李布衣問：「那是什麼地？」

何道里道：「墓地。」

一說完，他就自襟袍裡掏出一件東西。

一塊石頭。

李布衣一見這塊石頭，臉上的神色，就似同時看見三隻獅子頭上有四頭恐龍一般。

那一塊小石，小如櫻珠，呈六棱形，光彩微茫，五色果然，透明可喜。

李布衣訝然道：「是泰山狼牙岩，還是上饒水晶？」

何道里道：「是峨嵋山上的『菩薩石』。」

李布衣清楚記得，寇宗爽的《本草衍義》有提到：「菩薩石出於峨嵋山中，如水晶明澈，日中照出五色光，如峨嵋普賢菩薩圓光，因以名之，今醫家鮮用，並又稱之『放光石』。放光石如水晶，大者徑三四分，就日照之，成五色虹霓……」

但在何道里手中的「菩薩石」，透明晶亮中又散布著詭異的顏色，顯然經特別磨礪過。只見何道里把石子水晶迎著陽光一映，虹光反射，光霞強烈，暴長激照，金星齊亮，射在李布衣身上。

李布衣只感到身上有一道比被刀刺更劇痛的光線，耀目難睜，忙縱身跳避。

只見地上被這一道強光，割了一道深深的裂縫。

李布衣此驚非同小可，想掩撲向何道里。但何道里只須把手腕一擊，強光立移，繼續如刀刺射在李布衣身上，無論李布衣怎樣飛閃騰挪，縱躍退避，那道七色光花，精芒萬丈，輝耀天中，附貼在李布衣身上，如蛆附骨。

李布衣感覺到自己肌膚如同割裂，比尖戟割入還要苦痛不堪。

一塊透明的六棱水晶石，將陽光聚焦成一道殺傷力驚人的高溫光束，射在地上可以割出一道深深的裂縫，射在人身上可以將人燒成烤肉。幸虧李布衣神功護體，沒被燒死，但是這道光束還是給他帶來了劇烈的疼痛感。

這種高溫光束是什麼呢？用凸透鏡聚焦的光束肯定沒有這麼大的威力，它只能是俗稱「死光」的雷射。

雷射是二十世紀人類在原子彈、電腦、半導體之後又一大發明，它的亮度極高、方向性極好、能量高度集中，所以享有「最亮的光」、「最快的刀」、「最準的尺」等美譽。

我們知道，每一束光都是由無數光子組成的電磁波，每個光子都有自己的方向、頻率和能量，一道光束中同一方向、同一頻率、同一能量的光子愈多，這束光的亮度和能量就愈強。普通光束中的光子有著不同的頻率、方向和能量，能量很低。而從雷射發射器中發射出來的光束，光子類型幾乎完全相同，當同時發射、同一類型的無數光子疊加在一起，就形成了可怕的雷射。

自然界不會自己產生雷射，何道里用雷射對付李布衣，說明他擁有一個雷射發射器，而且功率很強。老師在學校多媒體教室講課，手裡拿的雷射筆也是一種雷射發射器，功率低，能量小，發出的雷射只是方向集中、亮度很高罷了，對大家不會構成威脅。何道里用的雷射器大概類似於美國正在研製的小型雷射槍，可以裝配給單兵使用，能量強大到可以熔化金屬、擊穿甲板，即使調節到最小功率，也能將敵人雙眼閃瞎。

雷射發射器分好幾種，其中一種叫「固體雷射發射器」，一般要用矽酸鹽玻璃、磷酸鹽玻璃、氟化物玻璃、氧化鋁晶體、釔鋁石榴石晶體等礦物做為雷射材料，而這些材料大多是無色透明的物質，形如水晶石。由此推想，何道里手裡那枚六棱水晶石應該就是他的雷射材料吧？

陽燧取火

宋代銅鏡

何道里想用雷射殺死李布衣，沒有得逞，被李布衣用一面凹鏡擋住了雷射：

李布衣情知身子只要一被強光所定照，便像土地一樣被割裂。他的身子忽然一弓，一弓之後，是一個大舒展，何道里認準這一下，以內力借菩薩石為媒，借陽光熱力射向李布衣。

只是李布衣這時手上已多了一物。

透過菩薩石強光，射在李布衣手的事物裡，突然更強烈五、六倍，折射回來，射在何道里身上。

何道里身上立即冒起一陣白煙。

他反應何等之快，立即捏碎了手上的石英！

饒是如此，他身上也被灼焦了一條如蜈蚣軀體一般的黑紋。

何道里這才定睛乍看清楚，李布衣手上拿著的是一面凹鏡。

凹鏡聚陽，熱力可以生火，菩薩石把太陽的熱力射在凹鏡上，便以數倍熱力，反射回來，要不是何道里見機得早，捏碎水晶，只怕此刻已變成了個火球。

這段描寫就有點不合理了。

如果是普通光束射到凹鏡的鏡面上，平行入射的光線一定會反射回去，並彙聚在離鏡面中心不遠的一個焦點上。但何道里發射的是雷射，能量強度極大的雷射，溫度很高，只要鏡面上有任何一處瑕疵（例如反光塗層不均勻），哪怕這處瑕疵小到只有一奈米，也會被雷射燒穿一個小孔，進而燒穿凹鏡後面的人。李布衣生活在宋朝（溫里安大部分武俠作品的時代背景都是宋朝），宋朝人用的是銅鏡，鏡面是手工打磨的，用放大鏡一瞧，能發現太多坑坑窪窪的瑕疵，何道里的雷射射上去，至少一半能量將穿過鏡面，把李布衣燒成重傷。

這一章翻過不提，我們看下一章。

在《天威》第二部分的第六章，李布衣打敗何道里，去火陣對付一個名叫年不饒的人。這一次，他用的法寶仍然是一面凹鏡：

年不饒揮舞火把衝來，倏地，發覺李布衣手上的事物，映著陽光然後透過火把，再折射到年不饒的臉上某一點，突然之間，年不饒在頰上的石油，刷地焚燒起來。跟著下來，他身上火焰迅速蔓延，身上數處都著了火，端地成為一個火人。……

……年不饒周身上下，已為火燒傷，但因臉部最遲入土，是故臉孔的傷最重。他潰爛的眼皮艱辛地翻著。有氣無力地問了一句：「你以火制火，用的鏡子是不是陽燧？」

李布衣答：「是。」

凹鏡古稱「陽燧」。《周禮・天官》載：「有人掌以天燧，取火於日。」《淮南子・天文訓》云：「故陽燧見燃而為火。」北宋沈括《夢溪筆談》講得更詳細：「陽燧面凹，向日照之，光皆向內，離鏡一、二寸聚為一點，大如麻椒，著物則火。」陽燧是鏡面內凹的鏡子，對著日光一照，平行射入的太陽光都被反射在離鏡面一、二寸的焦點上。該焦點像一粒麻椒那樣小，彙聚了光的能量，可將放置在焦點處的易燃物點著。

凹鏡的光學原理非常簡單：一束光射在彎曲的反射面上，反射回的光線與射入的光線形成一個夾角，每條平行光線的反射光線會全部交叉於一個點，所以該點的光非常集中，亮度高，熱度大，可以加熱食物，或使易燃物起火。

需要說明的是，並非所有的彎曲面都能讓光線聚焦。我們將籃球一分為二，內壁塗上反光層，也是兩面凹鏡，但是像這樣正球形的凹鏡卻沒有真正的焦點，光線還沒有彙聚就又撞到了鏡面上。只有鏡面像普通拋物線那樣彎曲的凹鏡（拋物面鏡），才是真正的凹鏡。

凹鏡彙集能量的效率不算高。迄今出土的周朝陽燧，直徑七・五公分，青銅製成。盛夏正午陽光下，用它聚焦的光線也只是讓人感到滾燙而已，要想點燃一根火柴，需要持續照射六十分鐘以上。現代人製造的普通凹鏡，直徑一般不超過二十公分，反射能力和聚焦能力都比古代陽燧強得多，也要十幾分鐘才能將火柴點燃。神相李布衣能在眨眼之間點燃年不饒臉上的石油，用的或許是超大凹鏡，採光面積有幾十個平方公尺，攤平了能鋪滿一個大客廳。但是這樣的凹鏡很難攜帶，只能做成固定的太陽灶，不適合做為隨身武器使用。

現代點火工具很普及，火柴和打火機便宜又好用，不需要再用凹鏡來取火（奧運聖火除外），通常只將它做成燈具。例如孩子寫作業時用的檯燈、汽車上的前照燈，燈泡後面都有一面凹鏡；汽車前照燈的燈泡內含有近光和遠光兩個燈絲，近光燈絲設置在凹鏡焦點附近，遠光燈絲設置在焦點之上，這樣可以將燈泡向四周發散的光線通過凹鏡反射成平行光，射到很遠的地方去。

彩虹陣

仍然是《天威》第二部分第六章，李布衣與何道里再次對決：

何道里忽然一掌擊在土上，轟然聲中，地上裂了一個酒杯大小的洞，李布衣知這個洞口早已掘通，只是上面還結著實土。現今何道里一掌擊破，不知此擊是何用意？

卻見土洞裂開不過轉瞬時間，「嘩」的一聲，自地上冒出一股清澈的水泉，直噴至半空，再斜斜無力地撒灑開來。

飛鳥一見驚道：「石油……」

李布衣道：「不是——」他知道那只是地底一股無毒的溫泉，在地殼冥氣的壓力下，一旦開了穴口，立即湧噴，尚未開口道破。只見一道七色虹橋，愈漸明顯，奇彩流輝，彩氣繽紛，霞光瀲舵。

而這七道顏色又各自縱騰纏繞，化成彩鳳飛龍一般，只不過盞茶光景，只見彩虹上下飛舞，左右起伏，目迷七色，金光祥霞，令李布衣、葉夢色、飛鳥、枯木、柳無煙皆目為之眩，神為之奪，意為之亂，心為之迷。

現刻他們眼中所見之美色，為平生未見之景，所謂「赤橙黃綠青藍紫，誰持彩練當空舞」，何況七色互轉，流輝閃彩，飛舞往來，又化作魚龍曼衍，千形百態，彩姿異豔，奇麗無儔，煞是奇觀。

枯木和柳無煙卻受制於人，恨不得投身入那幻麗的色彩裡，但也苦於無法行動；葉夢色和飛鳥則已先後舉步，心中在想：這樣一個美麗仙境，縱為它而生、為它而死，也不枉此生了！

其實李布衣也是這種想法，不過他心裡同時還萌生了一個警告的意念：那是何道里擺布的詭計。

他想閉上眼睛，但眼皮卻不聽使喚，那六色幻彩何其之美，絕景幻異，旋滅旋生，李布衣實在無法閉上眼睛。

何道里聰明絕頂，打通地下溫泉的噴射口，噴湧而出的水霧將陽光折射成一道七色彩虹。

古人早就知道，水霧能形成彩虹。沈括《夢溪筆談》寫得清楚：「虹乃雨中日影也，日照雨則有之。」彩虹是雨水折射的日光之影，雨過天晴，陽光照在濛濛的霧氣上，彩虹就出來了。

李布衣陽燧取火，源於光的反射；何道里製造彩虹，源於光的折射。我們知道，光在真空中、空氣中、水中和其他介質中傳播的速度是不一樣的，一道光穿過不同的介質，傳播方向會發生改變，從而使光線在兩種不同介質的交界處發生偏折。

水霧是由無數小水珠組成的，每個小水珠都是一個透明球體，一道光從水珠球面的某一點射入，會折射到球面的另一點，再從這一點折射到其他點，最後從某一點穿過水珠，再次發生折射。在多次折射的過程中，陽光中不同波長的光波被分散開來，形成紅、橙、黃、綠、藍、靛、紫等多種顏色，彩虹出來了。打個比方，每一顆小水珠都像是一個三稜鏡，對白色的陽光進行色散，使每一道光線都出現一道從紅色到紫色的連續光譜。

彩虹又為什麼會是彎的呢？因為水珠是球形的，幾乎每條光線的入射角都不相等。以人的眼睛為頂點，把所有與平行入射光線呈四十二·五二度彩虹角的光束連接起來，就形成一個紅色圓錐體，這個圓錐底面的圓弧，就是我們肉眼可見的彎曲彩虹。

彩虹很美，如龍飲水，但它不像雷射那樣具備殺傷力。何道里打開溫泉噴孔，製造人工彩虹，無非是為了吸引敵人的注意力而已。

聞其聲不見其人

通常說的光都是可見的電磁波，這種電磁波的速度非常快，長度卻非常短。我們可以用塵埃的「埃」做為光波的長度單位，一個「埃」是10^{-10}公尺，即將一公尺縮短到一百億分之一。紫光波長在四千埃到四千五百埃之間，藍光波長在四千五百埃到五千二百埃之間，綠光波長在五千二百埃到五千六百埃之間，黃光波長在五千六百埃到六千埃之間，紅光波長在六千埃到七千六百埃之間。如果一種光波的波長比紫光還要短，或比紅光還要長，人類基本上看不見它，這種光被稱為紫外線或紅外線。

高中物理講過波的繞射：當某種波的波長大於等於障礙物的寬度時，這種波可以繞過障礙物繼續傳播。光波波長太短，比任何一種宏觀上的障礙物都要短得多，所以光線只能直線傳播，一旦射在障礙物上，要麼被吸收，要麼被反射回來，無論如何無法繞過去。

聲音也是波，它的波長就長得多了。人類聽得到的聲音波長在一．七公分到十七公尺之間，與障礙物尺寸相當，所以聲波可以繞過一般的障礙物。

《射鵰英雄傳》第十六回，郭靖受困於桃花島，在迷宮般的密林中迷迷糊糊睡著了，睡夢中聽見黃藥師的簫聲：

睡到中夜，正夢到與黃蓉在北京遊湖，共進美點，黃蓉低聲唱曲，忽聽得有人吹簫拍和，一驚醒來，簫聲兀自索繞耳際，他定了定神，一抬頭，只見皓月中天，花香草氣在黑夜中更加濃冽，簫聲遠遠傳來，卻非夢境。

郭靖大喜，跟著簫聲曲曲折折地走去，有時路徑已斷，但簫聲仍是在前。他在歸雲莊中曾走過這種盤旋往復的怪路，當下不理道路是否通行，只是跟隨簫聲，遇著無路可走時，就上樹而行，果然愈走簫聲愈是明徹。他愈走愈快，一轉彎，眼前忽然出現了一片白色花叢，重重疊疊，月光下宛似一座白花堆成的小湖，白花之中有一塊東西高高隆起。

這時那簫聲忽高忽低，忽前忽後。他聽著聲音奔向東時，簫聲忽焉在西，循聲往北時，簫聲倏爾在南發出，似乎有十多人伏在四周，此起彼伏地吹簫戲弄他一般。

簫聲的聲波長，繞過大樹、花草、灌木、岩石和土堆，曲曲折折傳入郭靖耳中。而從黃藥師身上反射出的光波非常短，被叢林阻隔，無法進入郭靖的眼睛。所以呢，郭靖只能聽見簫聲，看不見吹簫的主人，這就是我們常說的「聞其聲不見其人」。古詩云：「空山不見人，但聞人語響。」也是因為聲波比光波更容易繞過障礙物的緣故。

讓別人聽得見我們的聲音、見不到我們的人，大家都可以做到，不足為奇。桃花島主黃藥師的神奇之處在於，他能讓你搞不清他在哪個方向。

郭靖聽見簫聲從西側發出，向西奔去，簫聲卻突然轉移到了東面。等到郭靖掉頭向東尋找時，簫聲又轉移到了北側。彷彿黃藥師可以身外化身，在四面八方同時出現了。

溫里安筆下有一位江南奇俠方振眉，他趕赴長笑幫營救少俠郭傲白那次，也展現了一手可與黃藥師相媲美的「移聲」絕技：

郭傲白冷汗滲出，但斬釘截鐵地道：「姓方的，我技不如人，被你所擒，你要殺要剮，隨你的便，休想唬人！」

方中平大笑，道：「好，你肯跪下地去，叫我一聲爺爺，我便讓你死得痛快一點！」

忽然有一個聲音也笑道：「他確是好漢，你又何必強人所難呢？」

方中平猛地回首吆喝：「是誰？」

那在曠地上的六、七十名長笑幫幫徒，也不知聲音響起何方，紛紛向前望望，向後面望望，又你望望我，我望望你的，但是一個可疑的人也沒有。

方中平忽然收劍，劍一收即不見，郭傲白一見，正欲動手，但方中平反手一扣，竟已揑住郭傲白的脈門，向四周厲聲道：「朋友，你既來了，何不現身？」

只聽那溫和的聲音響自北方的一個角落，笑道：「既已來了，又何必現身？」

那立於北方的七、八名長笑幫徒，猛聽自己這一群裡竟發出了這樣的聲音，大吃一驚，紛紛四周探看，但卻不知道誰發話，再回過頭來，看見總堂主，已盯著自己這邊，一時三魂去了七魄，全身打起顫抖來。

方中平盯著那七、八名幫徒，只見他們已嚇得面無人色，不似喬裝混人，當下再欲試試到底是誰在說話，於是運足眼力，盯著北方，道：「朋友，是否為這位郭兄弟而來？」

只聽那個溫和的聲音，忽然響自南方，笑道：「不錯，未知方總堂主，可否成全？」

方中平霍然回頭，盯向南方，位於南方的五、六名長笑幫徒，一時覺得禍從天降，嚇得半死，方中平暗忖來人能在他炬目下由北方而轉向南方，功力之高，可以想見，當下目瞪南方，也笑道：「閣下不妨現身，我把這位郭兄弟交給你。」

那聲音溫和得像春風，卻響自西邊：「方總堂主若有誠意，放開郭少俠便行，在下又何需現身？」

方中平閃電一般反身，西方只有三名長笑幫徒，錯愕十分，看著方中平，哭笑不得。方中平恨恨地道：「好，你不出來，我不放人！」

那溫和的聲音一點也不動氣，響自東面，笑道：「是了，這才是你心裡的話，我不出來，你不放人，我若出來，你就殺人了，是不是？」

方中平已不用再回頭，便知道此人運用極深厚的內功，人可能尚在遠處，卻能用「繞梁三日」響自每一處。

人類用聲帶發聲，聲帶的振動產生聲波，聲波使空氣振動，振動的空氣像水波一般一圈一圈蕩漾開去，傳遞到其他人的耳膜上，耳膜隨之振動，振動的頻率和強度被聽覺神經傳遞給大腦，大腦就聽到了聲音。

我們是怎麼辨別聲音來自何方的呢？很簡單，靠一雙耳朵。如果聲源在我們的左側，聲波到達左耳的時間就會比到達右耳早一點點；如果聲源在我們的右側，聲波到達右耳的時間就會比到達左耳早一點點；如果聲源嚴格位於我們的正前方或者正後方，兩耳同時接收到聲波，我們只能感覺到聲音從前面或從後面來，而分辨不出到底是在前還是在後。但是這種情形很難發生，因為我們出於本能會側一下腦袋，使下一波聲音在兩耳之間形成一個時間差。兩耳接收聲波的時間差可能只有幾微秒，人類意識完全覺察不到，不過聽覺神經卻能分辨，所以才能正確識別出聲源方向。

理論上講，兩耳之間的距離愈大，聲波抵達雙耳的時間差就愈大，我們對聲源方向的感知就愈明顯。從這個角度看，臉大的人在識別聲音上更占優勢。

黃藥師對郭靖吹簫，他的玉簫是一個聲源；方振眉向方中平喊話，他的聲帶是一個聲源。這兩個聲源並不能真的身外化身，它們的位置在每個時刻都是固定的，到底是怎樣讓別人辨別不出真實方向的呢？

我們有理由相信，黃藥師和方振眉都給自己加了一種特殊外掛，這種外掛在今天被稱為「虛擬環繞身歷聲技術」，即用電腦程式設計來調整聲音到達雙耳的強度和時間差，讓聽者辨別不出聲源的方向，誤以為四面八方都有聲音發出來。

聽風辨器與都卜勒效應

在這個世界上生存，光識別聲源方向肯定不夠，還要能識別出聲源與自己的距離。譬如一隊人馬從後面衝來，你聽見了喊殺聲，也知道喊殺聲就在後面，卻分辨不出喊殺聲和你的距離是一公尺還是一公分，結局可想而知。

幾乎所有武林人物都掌握了辨別聲音的本領，其中最高強的叫做「聽風辨器」之術：透過聲波和氣流的微小變化，迅速判斷出射向自己的暗器來自何方，以及還有多遠，再做出合理的應對之策。

《神鵰俠侶》裡的李莫愁，《雪山飛狐》中的袁紫衣，《笑傲江湖》裡的令狐沖，都是聽風辨器的高手。風清揚教令狐沖「獨孤九劍」，其中「破箭式」尤其需要聽風辨器：「練這一劍時，須得先學聽風辨器之術，不但要能以一柄長劍擊開敵人發射來的種種暗器，還須借力反打，以敵人射來的暗器反射傷敵。」

誰是金庸群俠中最擅長聽風辨器的人呢？應該是郭靖的授業恩師、江南七怪之首、江湖人稱「飛天蝙蝠」的柯鎮惡柯大俠。

柯鎮惡早年與黑風雙煞相鬥，被打瞎了雙眼，於是苦練以耳代目的本領，晚年終有大成。《射鵰英雄傳》第三十六回寫道：

歐陽鋒心想：「你不走最好，這瞎子是死是活跟我有甚相干？」大踏步上前，伸手往柯鎮惡胸口抓去。柯鎮惡橫過槍桿，擋在胸前。歐陽鋒振臂一格，柯鎮惡雙臂發麻，胸口震得隱隱作痛，嗆啷一聲，鐵槍桿直飛起來，戳破屋瓦，穿頂而出。

柯鎮惡急忙後躍，人在半空尚未落地，領口一緊，身子已被歐陽鋒提了起來。他久經大敵，雖處危境，心神不亂，左手微揚，兩枚毒菱往敵人面門打去。歐陽鋒料不到他竟有這門敗中求勝的險招，相距既近，來勢又急，實是難以閃避，當即身子後仰，乘勢一甩，將柯鎮惡的身子從頭頂揮了出去。

柯鎮惡從神像身後躍出時，面向廟門，被歐陽鋒這麼一拋，不由自主地穿門而出。這一擲勁力奇大，他身子反而搶在毒菱之前，兩枚毒菱飛過歐陽鋒頭頂，緊跟著要釘在柯鎮惡自己身上。黃蓉叫聲：「啊喲！」卻見柯鎮惡在空中身子稍側，伸右手將兩枚毒菱輕輕巧巧地接了過去，他這聽風辨器之術實已練至化境，竟似比有目之人還更看得清楚。

歐陽鋒喝了聲彩，叫道：「真有你的，柯瞎子，饒你去罷。」

你看，連西毒歐陽鋒這種武學宗師都對柯鎮惡深表佩服，可見人家把聽風辨器練到了何等出神入化的地步！《笑傲江湖》中不幸失明的林平之、左冷禪，《倚天屠龍記》中被暗器打瞎雙眼的金毛獅王謝遜，由於眼盲，同樣練過聽風辨器，他們的武功或許超過柯鎮惡，但在這門功夫上絕對要向柯老俠甘拜下風。

動物界中有一些異類，眼睛不好使，聽力異常發達，不但能聽到我們人類聽不到的許多超短波聲音，還能主動向外發射超聲波，接收回波進行分析，判斷出很遠處物體的形狀、大小、速度，識別出是敵、是友，還是食物。例如蝙蝠就有這種能力。柯鎮惡號稱飛天蝙蝠，但他畢竟不是蝙蝠。從金庸的描寫來看，他只能察覺到運動中的物體，假如敵人摒住呼吸、靜止不動，他就沒辦法了。左冷禪和林平之等人也是如此，令狐沖躲在岩石上不動，他們就無法分辨出令狐沖的位置。由此可見，聽風辨器並不是靠發射和回收超聲波來實現的。

聽風辨器的聲學原理到底是什麼呢？應該是「都卜勒效應」。

何謂都卜勒效應？即聲波（或光波）會因為聲源（或光源）和觀測者的相對運動而不斷變化。在相對運動的聲源前面，聲波被壓縮，波長變得較短，頻率變得較高；在相對運動的聲源後面，聲波被延伸，波長變得較長，頻率變得較低。

舉例言之。當小明開車、按喇叭向小強駛來時，喇叭聲的波長逐漸變短，頻率愈來愈高，聲調愈來愈尖銳；當小明按著喇叭駛向遠方時，喇叭聲的波長逐漸變長，頻率愈來愈低，聲調愈來愈柔軟。

在日常生活中，我們靠雙耳接收聲波的時間差來識別聲源的方向，靠都卜勒效應來識別聲源的距離。有了方向和距離，聲源的位置就被確定了。柯鎮惡的聽風辨器之所以出神入化，必是因為他的聽覺神經異常發達，大腦反應異常迅速，雙耳耳膜異常靈敏，常人聽不出的波長變化和頻率變化，他可以立即辨別出來。

我們是凡夫俗子，練不成聽風辨器，但可以借助科學儀器，將都卜勒效應運用到得心應手的地步。

交警測速用的雷達測速儀利用了都卜勒效應：向行進中的車輛發射頻率已知的電磁波，即時測出反射波的頻率，根據反射波頻率變化的多少就能算出車輛的速度。

醫院裡漸漸普及的超音波都卜勒檢查儀也利用了都卜勒效應：當紅血球細胞流經心臟大血管時，表面散射的聲波頻率會發生改變，根據這種頻率的偏移可以測出血流的方向和速度。

天文研究領域同樣利用了都卜勒效應：天文學家發現，從遙遠星系發射到地球上的光譜頻率有一種規律性的變化，距離我們愈遠的星系，光譜線朝紅端偏移的幅度愈明顯。根據都卜勒效應原理，可以證明這些星系在飛離我們而去，距離愈遠的星系飛離得愈快，於是「宇宙膨脹」和「宇宙大爆炸」應運而生。

宇宙大爆炸理論認為，我們身處的這個宇宙最初只是一個小點，體積無限小，溫度無限高，時間和空間都蘊含在裡面。大約一百三十七億年前，這個小點突然爆炸，在極短的時間內產生時間、空間、光子、電子、中子、原子、引力，然後又在三十萬年後逐漸形成恆星和行星。我們現在見到的所有元素，都是從那次大爆炸產生的。

宇宙膨脹理論認為，從大爆炸開始，整個宇宙不斷膨脹，它的體積愈來愈大，邊界愈來愈遠，任二個星系正遠離彼此，而且遠離的速度愈來愈快。

上述理論不一定為真，卻是目前為止最權威、最優美、最有解釋力、最符合觀測結果的假說。而這些假說之所以能提出來，歸根結柢還是因為人類發現了都卜勒效應。

都卜勒效應反映了聲波（或光波）波長和頻率的變化，但是聲波參數不僅包括波長和頻率，還包括聲強、聲壓、聲能、聲功率等。就像要全面了解一個人，除了知道這個人的姓名和年齡，還得知道身高、體重、出身、學歷、職位、收入、性格、喜好……

先來解釋一下聲波的各項參數。

頻率：聲波在一秒時間內振動的次數，單位是赫茲（Hz）。

波長：聲波在一次振動中傳播的距離，單位是埃（Å），一埃等於10^{-10}公尺或〇．一奈米。

聲能量：聲波對介質（例如空氣）做功，使介質振動產生的動能和位能，單位是焦耳。

聲功率：聲波在單位時間內對介質做功的效率，單位是瓦（W）或微瓦（等於10^{-6}瓦）。

聲強：由於聲波對介質做功，垂直於聲傳播方向的單位面積上平均產生的聲能量，單位是瓦／平方公尺。

聲壓：由於聲波對空氣做功，增加了多少氣壓，單位是帕斯卡（Pa / Pascal）。

不同聲源發出的聲音，在各項參數上差別很大。我們以正常音調交談，聲波的頻率是幾十赫茲，聲功率只有幾個微瓦，而火箭發射時雜訊的頻率是一萬多赫茲，聲功率高達幾千萬瓦！

聲音的威力不可小視，那些頻率、聲壓、聲強和聲功率太大的聲音，不但讓人感覺不舒服，還有可能震破耳膜，破壞聽力，影響大腦和心臟功能，嚴重時可以致人死亡。

金毛獅王謝遜有一門「獅子吼」神功，是用大功率聲波傷人於無形的例證：

謝遜截住他話頭，說道：「什麼惡行善行，在我瞧來毫無分別。你們快撕下衣襟，緊緊塞在耳中，再用雙手牢牢按住耳朵。如要性命，不可自誤。」他這幾句話說得聲音極低，似乎生怕給旁人聽見了。

張翠山和殷素素對望一眼，不知他是何用意，但聽他說得鄭重，想來其中必有緣故，於是依言撕下衣襟，塞入耳中，再以雙手按耳。

突見謝遜張開大口，似乎縱聲長嘯，兩人雖然聽不見聲音，但不約而同地身子一震，只見天鷹教、巨鯨幫、海沙派、神拳門各人一個個張口結舌，臉現錯愕之色；跟著臉色變成痛苦難當，宛似全身在遭受苦刑；又過片刻，一個個先後倒地，不住扭曲滾動。

崑崙派高、蔣二人大驚之下，當即盤膝閉目而坐，運內功和嘯聲相抗。二人額頭上黃豆般的汗珠滾滾而下，臉上肌肉不住抽動，兩人幾次三番想伸手去按住耳朵，但伸到離耳數寸之處，終於又放了下來。突然間只見高、蔣二人同時急躍而起，飛高丈許，直挺挺地摔將下來，便再也不動了。

謝遜閉口停嘯，打個手勢，令張、殷二人取出耳中的布片，說道：「這些人經我一嘯，盡數暈去，性命是可以保住的，但醒過來後神經錯亂，成了瘋子，再也想不起、說不出己往之事。張五俠，你的吩咐我做到了，王盤山島上這一干人的性命，我都饒了。」

謝獅王一聲長嘯，讓人永遠失去了聽力和神智，從此變成行屍走肉。

神鵰大俠楊過也擅長發出大功率聲波：

楊過向郭襄打個手勢，叫她用手指塞住雙耳。郭襄不明其意，但依言按耳，只見他縱口長呼，龍吟般的嘯聲直上天際。郭襄雖已塞住了耳朵，仍然震得她心旌搖盪，如痴如醉，腳步站立不穩。幸好她自幼便修習父親的玄門正宗內功，因此武功雖然尚淺，內功的根基卻紮得甚為堅實，遠勝於一般武林中的好手，聽了楊過這麼一嘯，總算沒有摔倒。

嘯聲悠悠不絕，只聽得人人變色，群獸紛紛摔倒，接著西山十鬼、史氏兄弟先後跌倒，只有十餘頭大象、史叔剛和郭襄兩人勉強直立。那神鵰昂首環顧，甚有傲色。楊過心想這病夫內力不淺，我若再催嘯聲，硬生生將他摔倒，只怕他要受劇烈內傷，當下長袖一揮，住口停嘯。過了片刻，眾人和群獸才慢慢站起。豺狼等小獸竟有被他嘯聲震暈不醒的，雪地中遍地都是群獸嚇出來的屎尿。群獸不等史氏兄弟呼喝，紛紛夾著尾巴逃入了樹林深處，連回頭瞧一眼也都不敢。

如此驚人的聲音，人聽了受不了，猛獸都被嚇出屎來。細心的讀者朋友可能注意了一個細節：當謝遜和楊過長嘯時，張無忌、殷素素、郭襄已經提前堵住了耳朵，可是依然「不約而同地身子一震」，或者「震得心旌搖盪，如痴如醉」。這是為什麼呢？

原因有三。

第一，郭襄是用手指塞住雙耳，張無忌和殷素素是用布片塞住雙耳，手指和布片終歸塞不緊，仍然有少量聲波傳入耳鼓，給他們帶來較小的傷害。

第二，聲波可以經過耳膜傳導，也可以經過骨骼傳導，功率強大的聲波會讓郭襄等人的骨骼產生共振，進而傳遞給大腦。

第三，聲波的能量愈強，對空氣的振動愈明顯，大功率聲波就像小型炸彈一樣衝擊著空氣，產生的氣浪拍打在人們身上，即使耳朵聽不見，身體一樣可以感覺到震動。

說起聲波的能量，可以拿《三國演義》裡的張飛舉例。張飛橫馬立矛，獨擋曹操百萬大軍，在當陽橋頭一聲高喊，大橋震斷；兩聲高喊，河水倒流；三聲高喊，嚇得曹軍大將夏侯傑肝膽俱裂，當場掛掉。與謝遜獅子吼相比，張飛發出的聲波功率更大，能量更強，威力更驚人。已故波蘭物理學家巴克斯（Bücks）曾經用大功率聲波做過實驗，成功懸浮起容器中直徑兩公釐左右的小水滴，為張飛兩聲高喊使河水倒流的壯觀景象提供了一個科學上的注腳。

讀者諸君可能還會提出一個問題：張飛、楊過、謝遜也是人，他們發出的聲波怎麼只對別人產生危害，他們自己卻沒事呢？

首先當然是因為他們內力高深，神功護體，扛得住大功率聲波。例如《射鵰英雄傳》中黃藥師用簫聲去鬥歐陽鋒的鐵箏，兩人勢均力敵，均未受傷，而功力較弱的黃蓉和歐陽康就受不了，必須把耳朵堵起來。

其次，我們可以從生活經驗上來給出解釋：謝遜等人早就習慣了自己發出的強大雜訊，不會產生不適感，就像那些習慣於在公共場所大聲吵鬧的人，自己才不會覺得吵呢！

傳音入密

武俠世界另有一門奇功，可以嚴格控制聲波的傳播方向，使其只被特定的人感知，其他人雖然離得很近，但卻完全聽不到。

眾所周知，這門奇功叫做「傳音入密」，四大惡人的老大段延慶比較擅長這門功夫。

例如《天龍八部》第三十一回：

虛竹心下起疑：「他為什麼忽然高興？難道我這一著下錯了麼？」但隨即轉念：「管他下對下錯，只要我和他應對到十著以上，顯得我下棋也有若干分寸，不是胡亂攪局，侮辱他的先師，他就不會見怪了。」待蘇星河應了黑子後，依著暗中相助之人的指示，又下一著白子。他一面下棋，一面留神察看，是否師伯祖在暗加指示，但看玄難神情焦急，卻是不像，何況他始終沒有開口。

鑽入他耳中的聲音，顯然是「傳音入密」的上乘內功，說話者以深厚內力，將說話送入他一人的耳中，旁人即是靠在他的身邊，亦無法聽聞。

段延慶幫虛竹下棋作弊，不想被別人發現，故施展傳音入密之術向虛竹傳達指示。

再如同書第四十八回：

段譽叫道：「媽媽……」突覺背上微微一麻，跟著腰間、腿上、肩膀幾處大穴都給人點中了。一個細細的聲音傳入耳中：「我是你的父親段延慶，為了顧全鎮南王的顏面，我此刻是以『傳音入密』之術與你說話。你母親的話，你都聽見了？」

段夫人向兒子所說的最後兩段話，聲音雖輕，但其時段延慶身上迷毒已解，內勁恢復，已一一聽在耳中，知道段夫人已向兒子洩露了他出身的祕密。

段譽叫道：「我沒聽見，我沒聽見！我只要我自己的爹爹、媽媽。」他說我只要自己的「爹爹、媽媽」，其實便是承認已聽到了母親的話。

段延慶大怒，說道：「難道你不認我？」段譽叫道：「不認，不認！我不相信，我不相信！」段延慶低聲道：「此刻你性命在我手中，要殺你易如反掌。何況你確是我的兒子，你不認生身之父，豈非大大的不孝？」

段譽無言可答，明知母親的說話不假，但二十餘年來叫段正淳為爹爹，他對自己一直慈愛有加，怎忍去認一個毫不相干的人為父？何況父母之死，可說是為段延慶所害，要自己認仇為父，更是萬萬不可。他咬牙道：「你要殺便殺，我可永遠不會認你。」

段延慶拍開了他被封的穴道，仍以「傳音入密」之術說道：「我不殺我自己的兒子！你既不認我，大可用六脈神劍來殺我，為段正淳和你母親報仇。」說著挺起了胸膛，靜候段譽下手。

按照常理，段延慶做為一個聲源，他發出的聲波會通過空氣的振動向四面八方同時傳播，附近每個人都會聽到他說的話，除非事先被他刺穿了耳膜。但是這位段延慶絕非常人，他少年時受了重傷，聲帶嚴重受損，無法正常發聲，後來居然練成了「腹語術」！

現代魔術師以及那些號稱擁有特異功能的人士，也會表演腹語術，但那只是戲法和障眼法，並非真的用肚子說話。段延慶則不同，他的聲音真是從腹部發出來的。

不但如此，段延慶的「腹語」應該還能發出頻率極高的超聲波，因為只有超聲波才符合傳音入密的特徵，才能像雷射那樣只朝單一方向傳播，中途不擴展，不發散，不會被周遭無關的人竊聽到。

人類聲帶每秒可以振動三百次到三千次。換言之，我們只能發出三百赫茲到三千赫茲的聲音。超過這個頻率範圍，我們發不出來。

人類耳膜每秒可以振動二十次到二萬次。換言之，我們只能聽到二十赫茲到二萬赫茲的聲音。超過這個頻率範圍，我們聽不見。

可是自然界中廣泛存在著我們無法發出也無法聽見的聲音，其中低於二十赫茲的聲波被我們稱為次聲波，超過二萬赫茲的聲波被我們稱為超聲波。

人類的聲帶發不出超聲波，人類的耳朵聽不見超聲波，普通人想要傳音入密，必須借助超聲波發生器和超聲波接收器。段延慶有腹語術，不靠超聲波發射器就能發出超聲波，但是虛竹和段延慶的私生子段譽卻必須安裝一臺超聲波接收器，否則傳音入密將失去聽眾。

第五章

電場、磁場、氣場

琥珀神劍

說起江湖女俠，大家都會想到黃蓉、郭襄、小龍女、任盈盈，很少有人能想起「毛文琪」這個名字。

毛文琪是古龍筆下的女俠，是古龍《湘妃劍》塑造的角色。與其他江湖女俠一樣，她漂亮、聰明、古靈精怪、武功高強，但和其他江湖女俠不一樣的是，她的武功要靠一把寶劍才能發揮出來，一旦離開那把劍，她未必打得過江湖上的三流高手。

古龍是這樣描述她那把寶劍的：

石磷看著毛文琪身後的劍，卻沒有看到繆文笑容的勉強。

毛文琪身後背著的劍，難怪石磷會留意，因為那的確奇怪得很，劍鞘非金非鐵，卻像是一大塊連綴在一起的貓皮所製，用貓皮做劍鞘的劍，天下恐怕只有這一柄吧。

別人的劍鞘用金屬鍛造，或用竹木雕刻，講究生活品味但不注重生態保育的俠客會用鯊魚皮做鞘，而毛文琪小姐的劍鞘竟然是用「一大塊連綴在一起的貓皮」做成的！

毛小姐幹嘛用貓皮做劍鞘？難道她恨貓？難道她喜歡殺貓？難道她和 YouTube 上那幫直播殺貓影片的變態是站在同一戰線的戰友嗎？

答案隱藏在《湘妃劍》第五回：

河朔雙劍身形一退，兩人並肩而立，倏地又飛掠上前，劍光並起，宛如兩條經天長龍，交尾而下。汪一鵬的劍光自左而右，汪一鳴自右而左，刷刷兩劍，劍尾帶著顫動的寒芒，直取毛文琪。名家身手，果自不凡。石磷暗讚：「好劍法。」

毛文琪動也不動。這兩劍果然是虛招，劍到中途，倏然變了個方向，在空中畫了個半圈，直取毛文琪的咽喉、下腹。

這兩劍同時變招，同時出招，不差毫釐，配合得天衣無縫。汪一鵬右手已斷，左手運用起劍來，卻更見狠辣。原來這兄弟兩人，這些年來竟苦練成了「兩儀劍法」，兩人聯手攻敵，威力何止增了一倍。

毛文琪輕笑一聲，腳步微錯間，人已溜開三尺，手一動。眾人只見眼前紅光一閃，眼睛卻不禁眨了一下，毛文琪已拔出劍來。

劍光不是尋常的青藍色，而是一種近於珊瑚般的紅色，發出驚人的光，劍身上竟似還帶著些火花，竟不知是什麼打就的。

此劍一出，所有的人都吃了一驚，石磷久走江湖，可也看不出這劍的來路，繆文更是眼睛瞬也不瞬地盯在這柄劍上。

汪氏昆仲是使劍的名家，平日看過的劍，何止千數，此刻亦是面容一變，劍光暴長，兩劍各畫了個極大的半圈，倏地中心刺出，劍尾被他們的真力所震，嗡嗡作響，突又化成十數個極小的劍圈一點，襲向毛文琪，正是「兩儀劍法」裡的絕招「日月爭輝」，也正是「河朔雙劍」功力之所聚。

胡之輝躺在地上，眼睛雖睜開，卻看不見他們的動手。原來他的頭倒下去時是側向另一面，此刻因身子不能動彈，頭更無法轉過去，此時急得跟屠夫刀下的肥豬似的，卻也沒有辦法。

毛文琪笑容未變，掌中劍紅光暴長，向河朔雙劍的劍光迎了上去。河朔雙劍只覺掌中劍突然遇著一股極強的吸力，自己竟把持不住，硬要向人家劍上貼去，毛文琪嬌笑喝道：「拿來。」滿天光雨中，人影乍分，河朔雙劍刷地同時後退，手中空空，兩眼發直，吃驚地望著對方。

毛文琪笑容更媚，手臂平伸了出來。汪氏昆仲的兩柄青鋼長劍，此刻竟被吸在她那柄異紅色的長劍上。

她將劍一揮，汪氏昆仲的雙劍，倏地飛了出去，遠遠落人湖水裡。眾人不禁駭然，這種功力簡直匪夷所思，神乎其玄了。

毛文琪的劍鞘古怪，劍更古怪，竟然是用一大塊琥珀雕刻而成的，所以被稱為「琥珀神劍」。這把劍堅硬、鋒利，劍體通紅，遠看像一道閃電，近看像一枝珊瑚，彷彿這把劍剛剛出爐、尚未淬火，兀自迸散著耀眼火花、散發著滾燙熱氣。

這把劍出鞘以後，有一股強烈的吸力，能將敵人的兵器吸附過來。在《湘妃劍》一書中，好多武功比毛文琪強得多的高手都吃了這把劍的虧，一與毛文琪交手，兵器不翼而飛，只能落荒而逃。

這本書是武俠物理學，旨在探討江湖世界的物理規律，揭祕神奇武功的科學原理。根據剛才的描述，相信絕大多數學過物理的讀者已經猜到了，這把古怪寶劍很可能與摩擦起電有關。

是的，物理課學到過，當我們用絲綢摩擦玻璃棒，或用毛髮摩擦琥珀的時候，玻璃棒和琥珀因為失去一些電子而帶有正電，絲綢和毛髮會因為得到一些電子而帶有負電。我們再用玻璃棒和琥珀靠近一些輕小的物體，物體就會在靜電的作用下被吸附上去。

毛文琪的劍鞘用貓皮縫製，劍身用琥珀雕刻，每次她拔劍而出，貓皮都會摩擦琥珀，然後貓皮帶負電荷，琥珀帶正電荷。在不接觸其他物體時，這些電荷不運動，處於靜止狀態，故此稱為「靜電」。毛文琪用她這把帶有靜電的寶劍靠近敵人不帶靜電的兵器，由於靜電感應，敵人的兵器就會被吸附到她的劍上。

當然，透過摩擦產生的電荷數量太少，電荷間的作用力太小，只能吸附特別輕小的物體，例如東方不敗的繡花針、小龍女的頭皮屑之類，倘若將一把刀或一根狼牙棒遞上去，肯定是吸不住的。但是我們必須要考慮到內力的影響——毛文琪可以用內力增加靜電力，達到奪人兵器的效果。

《湘妃劍》第四十四回，古龍明確說明了這一點：

> 長劍展處，一溜大紅色的光芒直刺仇恕。
>
> 仇恕早已領教過她這柄「琥珀神劍」的妙用，此刻心裡也不免有些驚慌，他雖然閃身避開，怎奈慕容惜生已不能移動。
>
> 剎那之間，劍光已至。仇恕無暇思索，真力貫注，舉起掌中竹劍，揮劍迎了過去，清風劍朱白羽失聲道：「完了。」
>
> 哪知兩劍相交處，毛文琪掌中的琥珀神劍，竟被仇恕劍上的真力，震得脫手飛起。

朱白羽以及四下群豪，俱都一驚，就仇恕與毛文琪自己，也驚得愣在當地，只因仇恕自己也未想到，這竹劍會有如此威力。只有慕容惜生在心中暗暗歎息：「看來天道迴圈，當真報應不爽，師父曾經說過，這『琥珀神劍』的妙用，惟有以湘妃竹製成的竹劍可破，而今日仇恕竟真的被迫得使用了竹劍，這豈非是冥冥中的主宰，特意將事情安排得這樣？」

這道理在那時的確不可解釋，但如今你只要有一些物理常識，便可解釋這神奇的事！

原來那琥珀劍的劍鞘中，襯有一層貓皮，而貓皮與琥珀磨擦，便可生電。屠龍仙子無意中發現了這情況，便練成一種可以將電在琥珀上保留許久仍不發散的內力，普通刀劍觸電之後，持劍人自然難免為之一震，這情況也和被閃電所擊相似。

而竹木卻是「絕緣物體」，與電絕緣——這種物理科學上的微妙關係，在當時自然要被視為神話。

經過摩擦帶上靜電的琥珀一旦與金屬導體接觸，火花一閃，電荷立刻全部轉移，物理學上稱為「放電」。照此原理，毛文琪的琥珀劍只能使用一次，如果想再次吸附敵人兵刃，必須回劍入鞘，再拔一次，使琥珀與貓皮再來一次摩擦起電。為了解決這個問題，毛文琪的授業恩師屠龍仙子「便練成一種可以將電在琥珀上保留許久仍不發散的內力」。既然內力能有如此功效，用內力來增大靜電力又有什麼稀奇呢？

用愛發電

從量子角度觀察，摩擦起電與電子受到原子核的引力較小有關。

我們知道，所有宏觀物體都是由原子組成的，而原子是由質子、中子和電子組成的。質子和中子緊密束縛在一起，構成緻密的原子核。電子按某種概率在原子核附近不斷出現，形成電子雲。當我們用一個物體摩擦另一個物體，受原子核引力較小的電子會逃離出來，從一個物體轉移到另一個物體，讓失去電子的一方帶正電，讓得到電子的一方帶負電。

但並不是所有的物體摩擦都能起電，例如人體之間的摩擦就不行。

傑森．史塔森（Jason Statham）主演過系列大片《快克殺手》，其中第二部《極速電擊》講他心臟被取走，取而代之的是一個用電池供應能源的心臟起搏器，需要不斷為它提供穩定電量，才能正常運轉。電影演到一半，心臟起搏器沒電了，醫生遙控指揮，讓傑森．史塔森與人摩擦起電，於是這哥兒們與其女友在唐人街上演了一場萬人圍觀的摩擦戲，為心臟起搏器補充了一些電能。

事實上，必須是不同的兩種物質在與外界絕緣的條件下相互摩擦才能起電。傑森．史塔森及其女友都是碳水化合物構成的有機體，屬於同種物質，摩擦時不會有電子轉移。假如他們摩擦時穿著化纖衣服，摩擦過程中沒有出汗，乾燥的皮膚倒是會帶上靜電，但是傑森．史塔森自己就可以完成這個摩擦過程，不需要兩個人合作。更關鍵的是，衣服與皮膚摩擦時產生的電荷太少，反覆摩擦千萬次所產生的電量都不能點亮一顆燈泡，怎麼能讓心臟起搏器保持運轉呢？所以看電影時千萬不能較真。

記得以前有一部超有趣的港片《東成西就》，少年黃藥師與師妹一起練劍，有這麼一段對白：

小師妹：「師兄，練這套眉來眼去劍好累，還是不要練啦。」

黃藥師：「每一招刺出去都要眉來眼去的，的確很傷神，不如我們改練情意綿綿刀吧。」

小師妹：「情意綿綿刀啊，我怕你把持不住耶！你還記不記得，那天晚上我們在山上，練那套乾柴烈火掌的時候，你好討厭哦！要不是我極力掙扎的話，恐怕已經促成大錯了。」

黃藥師：「你要搞清楚哦，那天晚上極力掙扎的可是我！」

眉來眼去劍、情意綿綿刀、乾柴烈火掌，這幾門奇功具體怎麼練，我們不得而知，但是僅從名字上就能看出，這些功夫一定與男女之愛有關。男女之愛會有摩擦，摩擦會起電，電量愈多，內力就愈強，這大概就是武林中所謂「雙修」的物理邏輯吧？

用愛可以發電嗎？當然不能。我們在生活中說誰和誰在一起比較「來電」，那僅是比喻而已，並不是說兩個人之間真的有電流通過。

至少到今天為止，人類掌握的所有發電技術，無論是火力發電、水力發電、風力發電，還是很多朋友極力反對的核能發電，都根源於物理學上的「電磁感應」：當導體在磁場中運動時，導體內會有電流產生。簡單說，水力發電是用水力讓導體在磁場中運動產生電流，風力發電是用風力讓導體在磁場中運動產生電流，而火力和核能發電都是用熱能將水燒開，產生蒸氣，再用蒸氣驅動導體在磁場上運動來發電的。

如果將內力當作電能，將修練內功當作一個發電過程，你會發現武俠世界的發電方式與我們現實世界幾乎是完全一樣的。

還記得少年郭靖初學內功時的感受吧。

韓小瑩道：「你不知道這是內功嗎？」

郭靖道：「弟子真的不知道什麼叫做內功。他教我坐著慢慢透氣，心裡別想什麼東西，只想著肚子裡一股氣怎樣上下行走。從前不行，近來身體裡頭真的好像有一隻熱烘烘的小耗子鑽來鑽去，好玩得很。」

六怪又驚又喜，心想這傻小子竟練到了這個境界，實在不易。

我們可以把郭靖的肚子當成一個磁場，將那隻「熱烘烘的小耗子」當成一個閉合線圈，小耗子在肚子裡鑽來鑽去，就相當於閉合線圈在磁場中轉動。一圈、兩圈、三圈……線圈愈轉愈快，線圈中通過的交流電愈來愈強。郭靖將這些交流電儲存到丹田位置，隨時可以放電傷人。

《射鵰英雄傳》第二十八回，郭靖偷窺過鐵掌幫主裘千仞練功：

走到臨近，見是一座五開間的石屋，燈火從東西兩廂透出，兩人掩到西廂，只見室內一只大爐中燃了洪炭，煮著熱氣騰騰的一鑊東西，鑊旁兩個黑衣小童，一個使勁推拉風箱，另一個用鐵鏟翻炒鑊中之物，聽這沙沙之聲，所炒的似是鐵沙。一個老頭閉目盤膝坐在鍋前，對著鍋中騰上來的熱氣緩吐深吸。這老頭身披黃葛短衫，正是裘千仞。只見他呼吸了一陣，頭上冒出騰騰熱氣，隨即高舉雙手，十根手指上也微有熱氣嫋嫋而上，忽地站起身來，雙手猛插入鑊。那拉風箱的小童本已滿頭大汗，此時更是全力拉扯。裘千仞忍熱讓雙掌在鐵沙中熬煉，隔了好一刻，這才拔掌。

他用滾燙的鐵沙對雙手加熱，並深深吸入大量蒸氣，走的是火力發電的路子。

《神鵰俠侶》第二十六回，楊過被神鵰趕進山洪之中練功：

楊過伸劍擋架，卻被牠這一撲之力推回溪心，撲通一聲，跌入了山洪。他雙足站上溪底巨石，水已沒頂，一大股水沖進了口中。若是運氣將大口水逼出，那麼內息上升，足底必虛，當下凝氣守中，雙足穩穩站定，不再呼吸，過了一會，雙足一撐，躍起半空，口中一條水箭激射而出，隨即又沉下溪心，讓山洪從頭頂轟隆轟隆的沖過，身子便如中流砥柱般在水中屹立不動。

楊過任憑山洪沖過身體，十餘天後功力大進，走的是水力發電的路子。

無崖子給虛竹充電

黃藥師與師妹摩擦起電；裘千仞用火力發電；楊過用水力發電，都是自己動手、豐衣足食的正路。武俠世界中還有一些不走正路的傢伙，自己不發電，讓別人給他充電。

《天龍八部》中的虛竹就是靠充電才擁有逍遙派內功的：

> 那人哈哈一笑，突然身形拔起，在半空中一個筋斗，頭上所戴方巾飛入屋角，左足在屋梁上一撐，頭下腳上地倒落下來，腦袋頂在虛竹的頭頂，兩人天靈蓋和天靈蓋相接。
>
> 虛竹驚道：「你……你幹什麼？」用力搖頭，想要將那人搖落。但這人的頭頂便如用釘子釘住了虛竹的腦門一般，不論如何搖晃，始終搖他不脫。虛竹腦袋搖向東，那人身體飄向東；虛竹搖向西，那人跟著飄向西，兩人連體，搖晃不已。

虛竹更是惶恐，伸出雙手，左手急推，右手狠拉，要將他推拉下來。但一推之下，便覺自己手臂上軟綿綿的沒半點力道，心中大急：「中了他的邪法之後，別說武功全失，看來連穿衣吃飯也沒半分力氣了，從此成了個全身癱瘓的廢人，那便如何是好？」驚怖失措，縱聲大呼，突覺頂門上「百會穴」中有細細一縷熱氣衝入腦來，嘴裡再也叫不出聲，心道：「不好，我命休矣！」只覺腦海中愈來愈熱，霎時間頭昏腦脹，腦殼如要炸將開來一般，這熱氣一路向下流去，過不片時，再也忍耐不住，昏暈了過去。

只覺得全身輕飄飄地，便如騰雲駕霧，上天遨遊；忽然間身上冰涼，似乎潛入了碧海深處，與群魚嬉戲；一時在寺中讀經，一時又在苦練武功，但練來練去始終不成。正焦急間，忽覺天下大雨，點點滴滴地落在身上，雨點卻是熱的。

這時頭腦卻也漸漸清醒了，他睜開眼來，只見那老者滿身滿臉大汗淋漓，不住滴向他的身上，而他面頰、頭頸、髮根各處，仍是有汗水源源滲出。虛竹發覺自己橫臥於地，那老者坐在身旁，兩人相連的頭頂早已分開。

無崖子內力深厚，相當於一臺以生物能或者化學能方式儲存大量電能的蓄電池。他將內力渡入虛竹體內，相當於給虛竹充電。充電是需要介面的，逍遙子頭下腳上、頭頂抵住虛竹的頭頂，相當於接上充電插頭。

充電是做功的過程，蓄電池透過做功，將化學能轉化為電能，在這個過程中，電路板上的元件會產生熱量，如果缺乏有效的散熱設備，電路板會隨著充電時間的增加而持續升溫，所以虛竹「只覺腦海愈來愈熱」。

蓄電池分為許多種類。

按工作性質和貯存方式劃分，電池分為「原電池」和「可充電池」。原電池又叫「一次性電池」，電量耗完就不能再用了。可充電池又叫「二次電池」，放完電還能再充。虛竹、無崖子、段譽、楊過、郭靖、令狐沖，以及江湖上其他人物，內力耗得差不多的時候，再練一練還能補回來，基本上都是可充電池。

按貯能材料劃分，常見電池包括老式的鉛酸電池、新式的鋰電池，以及最常見的一次性乾電池鋅錳電池。鉛酸電池可以儲存較多的電能，成本低廉，但是充電過程中更容易發熱，一旦放電過度，還可能出現電解液洩露的現象。無崖子年紀大，很像老式的鉛酸電池，而他將畢生功力輸入到虛竹體內，更像是過度放電。所以到了最後，他「滿身滿臉大汗淋漓」，「面頰、頭頸、髮根各處，仍是有汗水源源滲出」說明電解液開始洩露了。

鉛酸電池過度放電的後果比較嚴重，電池內部極板形成較大的硫酸鉛顆粒，充電時很難置換，會造成充電困難，影響電池容量恢復。白話來講，這組電池幾乎等於報廢。無崖子給虛竹充完電，油盡燈枯，真就報廢了。如果他那個武功高強的師姐天山童姥在場，馬上運用高深內力對他進行深充電與深放電，或許可以修復電池容量，救他一命。可惜天山童姥遠在萬里，虛竹又年輕識淺，不懂得如何施救，一代怪傑無崖子老爺子很快撒手人寰。

吸星大法的隱患

平心而論，虛竹事先並不知道無崖子要給他充電，更不知道他老人家充完電後會一命歸西。如果知道，虛竹一定拚命阻攔，因為他天生一副菩薩心腸，從來不幹損人利己的事情。

《笑傲江湖》裡的任我行剛好相反，用「吸星大法」強行吸取別人內力，恬不知恥地據為己有，還不付錢。打個比方說，任我行就像一個偷電賊。

我們常說的「偷電」，指的是某些人偷偷將自家電線接到公用線路上，不裝電錶，不交電費，無償用電。任我行不是這樣的偷法，他自帶充電插頭，一有機會就強行連接別人的蓄電池，將電流輸入到自己一端，省去了自己發電的時間和成本。

但是天下沒有免費的午餐，因為多次吸取別人內力，任我行最後走火入魔了。

電學上有一個「電容擊穿」的說法，與走火入魔比較像。將兩塊金屬板盡可能靠近，中間用空氣隔絕，給一塊金屬板上充電，另一塊金屬板自然會產生等量的異種電荷，這樣就做成了一個電容（capacitor）。如果一塊金屬板充太多電，強大電流會從中間空氣中穿過，形成高壓電弧，將金屬板擊穿。

但是內功上的走火入魔應該不等於電容擊穿——電容不能容納過多能量，也不能像高手發功那樣多次放電，兩塊金屬板只要有導體連通，蓄積的異種電荷馬上中和，只能放這麼一次電。

武俠小說中有「以物傳勁」和「飛花摘葉」的橋段。例如小明將一部分內力傳到一張紙上，小強去拿這張紙，手指剛碰到紙邊，馬上像觸電一樣渾身痠麻。或者一個暗器名家將內力注入到樹葉之上，輕輕一甩，樹葉可以嵌入堅固的樹身，如果去拔這片樹葉，會發現它與別的樹葉沒什麼兩樣。用電學來解釋，以物傳勁和飛花摘葉其實都是將一個物體改裝成簡易的電容，隨即用內力對電容充電，這些電容再接觸到導體，例如手指或者樹幹，會立刻將蓄積的電量全部放完，對人和物體造成傷害。

任我行不是一只電容，他是一組電池。至於他究竟是老式的鉛酸電池，還是新式的鋰電池，都不重要。不管什麼電池，都有一定的壽命，特別是較早的鎳鎘電池和鎳氫電池（傳統手機上裝配的大多是這種電池）壽命很短，頻繁充電、過度充電、過度放電或外界溫度過高，都能使其報廢甚至爆炸。任我行頻繁吸取別人內力，體內的「異種真氣」數量一直居高不下，就像一塊頻繁充電、過度充電的電池，時間長了，必然走火入魔。

虛竹的結拜兄弟段譽無意中練成「北冥神功」，像任我行一樣吸取別人內力，也遭遇過走火入魔的經歷：

保定帝推門進去，只見段譽在房中手舞足蹈，將桌子、椅子，以及各種器皿陳設、文房玩物亂推亂摔。兩名太醫東閃西避，十分狼狽。保定帝叫道：「譽兒，你怎麼了？」段譽神智卻仍清醒，只是體內真氣內力太盛，便似要迸破胸膛沖將出來一般，若是揮動手足，擲破一些東西，便略略舒服一些。他見保定帝進來，叫道：「伯父，我要死了！」雙手在空中亂揮圈子。

刀白鳳站在一旁，只是垂淚，說道：「大哥，譽兒今日早晨還好端端地送他爹出城，不知如何，突然發起瘋來。」保定帝安慰道：「弟妹不必驚慌，定是在萬劫谷所中的毒未清，不難醫治。」向段譽道：「覺得怎樣？」

段譽不住地頓足，叫道：「侄兒全身腫了起來，難受之極。」

保定帝瞧他臉面與手上皮膚，一無異狀，半點也不腫脹，這話顯是神智迷糊了，不由得皺起了眉頭。

原來段譽昨晚在萬劫谷中得了五個高手的一半內力，當時也還不覺得如何，送別父親後睡了一覺，睡夢中真氣失了導引，登時亂走亂闖起來。他跳起身來，展開「凌波微步」走動，愈走愈快，真氣鼓蕩，更是不可抑制，當即大聲號叫，驚動了旁人。

段譽沒有任我行貪心，他只是吸了「五個高手的一半內力」，並沒有頻繁充電和過度充電，為什麼走火入魔呢？原因在於他沒有受過基本訓練，只會吸取內力，不會輸出內力，好比一塊電池只充電，不放電，長期滿電存放，會降低使用壽命，甚至還會報廢。

就拿現在電動汽車和電動自行車中常用的鋰電池來說吧，如果充滿電而擱置不用，電池內的晶體一直處於高度活躍的狀態，會降低電池容量，縮短電池壽命，有時還會讓電池膨脹。段譽感覺全身腫脹、難受之極，說明他這顆電池正在膨脹。幸虧他的伯父保定帝教會他內力運行的小竅門，幫他放了一些電，否則後果不堪設想。

段譽走火入魔的故事告訴我們，電動車如果擱置不用，一定不要充滿電，最好運行一段距離，讓電池裡的電量降低到三分之二左右，再長期存放就安全了。

隔空放電

如果說修練內力就是發電、吸收內力就是充電，江湖兒女身上多半裝有「整流器」（rectifier）。整流器由真空管、引燃管和大功率二極體製成，可以將交流電轉化成直流電。

我們再回顧一下郭靖修練內力的畫面：肚子裡有一股氣上下遊走，好像有一隻小耗子鑽來鑽去。郭靖的肚子相當於磁場，那股如同小耗子似的「氣」相當於閉合線圈，閉合線圈在磁場中運動，產生源源不絕的交流電。由此推測，修練出來的內力屬於交流電。

交流電在遠端傳輸上特別節省成本，卻不能直接輸入電池。因為電池有固定的正極和負極，給電池充電時，必須將電源的正極連通電池的負極，將電源的負極連通電池的正極，形成迴路，電流才能進入電池，變成化學能儲存起來。而交流電正負極是不斷變化的（每秒鐘變化幾十次），怎麼為電池充電呢？只有先將交流電源與整流器連接起來，將交流電轉化成直流電，才可以為電池充電。當無崖子為虛竹充電時，當任我行和段譽吸收別人內力之際，肯定都加了整流器這個外掛，否則既不能為別人充電，也不能為自己充電。

武林高手加外掛是很正常的。我們看武俠電影、打武俠遊戲，那些打鬥畫面總是很科幻：敵我雙方隔著幾丈，這邊打出一掌，那邊能看到彩虹般的掌力劃空而過；那邊劈出一劍，這邊能看到閃電般的劍氣撲面而來。我的手掌沒有拍到你身上，你的寶劍也沒有砍到我，可是掌力和劍氣卻能殺傷彼此。究其原理，正是因為咱們都加了一種特殊外掛：特斯拉線圈。

特斯拉線圈當然是特斯拉發明的。特斯拉全名尼古拉·特斯拉（Nikola Tesla），塞爾維亞裔美籍科學家，人類歷史上最具傳奇色彩的電氣工程師，百年不遇的發明高手，不世出的偉大天才。他生於一八五六年，大約比《鹿鼎記》的主人公韋小寶晚一百多年，比《雪山飛狐》的主人公胡斐晚兩百多年。據說他發明了無線電（一說由義大利人馬可尼〔Guglielmo Marconi〕發明），發現了X射線（一說由德國人倫琴〔Wilhelm Conrad Röntgen〕發現），製造了渦輪發動機，早年為愛迪生公司做出巨大貢獻，晚年致力於全球無線輸電技術。他可以用一個自製的小型共振器讓一幢大樓自動倒塌，可以憑一己之力製造和把玩威力驚人的球形閃電。據說他還隔著半個地球遠端操控了一九〇八年震驚世界的通古斯大爆炸，其爆炸威力相當於一千萬噸TNT炸藥，是三十多年後日本廣島原子彈爆炸能量的上千倍……

關於特斯拉的傳說真真假假，眾說紛紜，需要科學史工作者慢慢釐清。我們今天只說他發明的特斯拉線圈，因為這是世界公認的真實發明，也是今天稍有電學知識的我們可以在電工指導下動手重現的一項發明。

簡單說，特斯拉線圈就是一種使用共振原理運作的高頻串連變壓器和放電設備，由一個變壓器、一個打火器、兩個電容器和兩組線圈構成。變壓器將二百二十伏特的普通照明電壓升高到幾百萬伏特。升壓後的高壓電流給電容充電，當電容的兩極電壓達到可以擊穿打火器縫隙的極限值時，立即給打火器點火，此時電容陣與主線圈形成迴路，產生高頻電磁波，將能量傳遞到次級線圈，最終產生頻率很高的高壓電流，在放電末端產生人工閃電。

讓燈泡靠近特斯拉線圈，燈泡會被自動點亮。讓導線靠近特斯拉線圈，導線與特斯拉線圈的放電末端之間會自動產生一道耀眼的電弧。所謂電弧，其實是空氣在強電場作用下形成的無線放電通道。一般情況下，空氣中極少含有帶電粒子，標準條件下每立方公分的空氣中僅有一千對正負離子。如果外加一個電場，帶電的粒子在電場中做定向運動，難免與其他的粒子發生碰撞。如果由於碰撞轉化的動能足以使被撞的粒子發生電離，就可以得到一對新的帶電粒子。這樣的電離過程在外電場大到一定程度時會發生連鎖反應，電子數目如雪崩般增加，空氣被充分電離。被電離的空氣是一種導體，於是便形成了相當可觀的放電電流。由於存在一個帶電粒子不斷產生和消失的過程，伴隨著原子不斷地處於激勵狀態、躍遷釋放光子，宏觀上來看就是明亮的弧光和嗤嗤作響的火花。

由此可見，如果兩個高手在真空狀態下對決，無論他們攜帶的特斯拉線圈有多麼強大，無論他們的掌力和劍氣有多驚人，兩人之間都不會出現電弧。

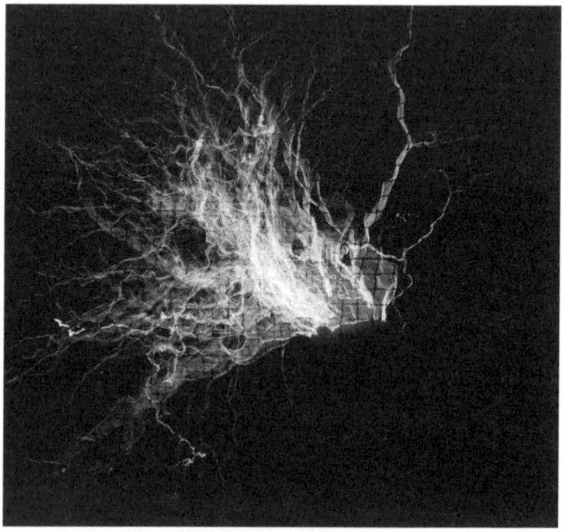

特斯拉線圈

一陽指

一陽指是金庸在《天龍八部》中塑造的功夫，大理段氏的獨門武功，一種極高明的點穴功夫。發功者用一根手指點在其他人穴位上，可以輸送內力，也能讓人吐血身亡。後來段譽練成的六脈神劍可以說是這門功夫的升級版，隔空發力，凌空點穴，一指點出，劍氣射出，相隔十步之遙，照樣取人性命。

咱們來看一個打鬥場面：

保定帝道：「尊駕不肯讓道，在下無禮莫怪。」側身從青袍客左側閃過，右掌斜起，按住巨石，正要運勁推動，只見青袍客從腋下伸出一根細細的鐵杖，點向自己「缺盆穴」。鐵杖伸到離他身子尺許之處便即停住，不住顫動，保定帝只須勁力一發，鐵杖點將過來，那便無可閃避。保定帝心中一凜：「這人點穴的功夫可高明之極，卻是何人？」右掌微揚，劈向鐵杖，左掌從右掌底穿出，又已按在石上。青袍客鐵杖移位，指向他「天池穴」。保定帝掌勢如風，連變了七次方位，那青袍客的鐵杖每一次均是虛點穴道，制住形勢。

兩人接連變招，青袍客總是令得保定帝無法運勁推石，認穴功夫之準，保定帝自覺與己不相伯仲，猶在兄弟段正淳之上。他左掌斜削，突然間變掌為指，嗤的一聲響，使出一陽指力，疾點鐵杖，這一指若是點實了，鐵杖非彎曲不可。不料那鐵杖也是嗤的一聲點來，兩股力道在空中一碰，保定帝退了一步，青袍客也是身子一晃。保定帝臉上紅光一閃，青袍客臉上則隱隱透出一層青氣，均是一現即逝。

保定帝大奇，心想：「這人武功不但奇高，而且與我顯是頗有淵源。他這杖法明明跟一陽指有關。」

這場打鬥載於《天龍八部》第八回，保定帝去救段譽，遭到段延慶阻攔，兩人開打，都使出了一陽指功夫，指力發出時都有嗤嗤響聲，與物理學上的尖端放電非常相似。

什麼是尖端放電呢？大家一定知道避雷針，這是很長的金屬導體，底端與埋在地下的金屬板相連，頂端做得尖尖的，安裝在大廈頂部。電荷在導體表面並非均勻分布，導體表面愈尖銳的地方，電荷分布愈密集。當雲層裡的電荷足以使建築物產生靜電感應，大部分電荷都會集中到避雷針的尖端，順著避雷針導入地下，這樣就可以避免靜電在建築物上愈積愈多，積累到一定程度時劇烈放電，致使建築倒塌、人畜傷亡。

大理段家使用一陽指的原理應該就在於此。他們是內功高手，體內貯存的內力相當於大量的正電荷或負電荷，他們用內力傷人或救人，其實就是把體內的電荷釋放出去。人體是導體，手指是這個導體上最為尖銳的導體（毛髮更尖銳，但不是導體，牙齒在乾燥狀態下也不是導體），故手指上的電荷最為集中。人體在放電時，透過手指放電會比透過其他部位還要快。所以從某種程度上來說，一陽指就是避雷針，只不過避雷針用來把大量電荷引入地下，起的是分散作用，而一陽指將大量電荷聚集於手指，起的是集中作用。

人體上除了手指，並非沒有其他尖銳部位，但是不宜在打鬥的時候裸露出來，而且那些部位一定沒有手指靈活。

一陽指為什麼可以隔空點穴，還能發出嗤嗤的聲響呢？因為導體尖端分布的電荷最密集，電場最強，強到一定程度，空氣中的少量離子會在尖端電場的作用下發生劇烈運動，撞擊別的大氣分子，使之電離，形成速度極高的離子風。離子風攜帶著強大能量，將該能量發射在敵人穴位上，即可實現隔空點穴。至於嗤嗤的聲響，自然是離子擊穿空氣時發出的摩擦聲和爆破聲。

《天龍八部》第四十二回，慕容復的父親慕容博施展出一門名曰「參合指」的奇功：

灰衣僧道：「你姑蘇慕容氏的家傳武功神奇精奧，舉世無匹，只不過你沒學到家而已，難道當真就不及大理國段氏的『六脈神劍』了？瞧仔細了！」伸出食指，凌虛點了三下。

這時段正淳和巴天石二人站在段譽身旁，段正淳已用一陽指封住段譽傷口四周穴道，巴天石正要將判官筆從他肩頭拔出來，不料灰衣僧指風點處，兩人胸口一麻，便即摔倒，跟著那判官筆從段譽肩頭反躍而出，啪的一聲，插入地下。段正淳和巴天石摔倒後，立即翻身躍起，不禁駭然。這灰衣僧顯然是手下留情，否則這兩下虛點便已取了二人性命。

姑蘇慕容的參合指未必比得上大理段家六脈神劍的威力，但這門武功也是用食指隔空點穴，向敵人發出遠端攻擊，其原理應該也是尖端放電。

尖端放電可以對敵人造成傷害，傷害程度取決於電場強度。如果慕容博在手指上聚集的電荷就像雷雨雲層裡的電荷一樣密集，虛點一指對敵人造成的傷害應該與被雷劈差不多。但是慕容博老先生老奸巨猾，不願多樹強敵，與段家結下深仇大恨，所以他沒有在手指上聚集那麼多電荷，使段正淳躲過雷劈，保住了一條性命。

劈空掌

金庸筆下隔空傷人的武功還真不少，慕容家的參合指算一項，段家的六脈神劍算一項，喬峰的劈空掌也算一項。

《天龍八部》第二十六回：

契丹人紛紛搶到蕭峰身前，想要救人。蕭峰以斷矛矛頭對準紅袍人的右頰，喝道：「要不要刺死了他？」

一名契丹老者喝道：「快放開咱們首領，否則立時把你五馬分屍。」

蕭峰哈哈大笑，呼的一掌，向那老者凌空劈了過去。他這一掌意在立威，嚇倒眾人，以免多有殺傷，是以手上的勁力使得十足，但聽得砰的一聲巨響，那契丹老漢為掌力所激，從馬背上直飛了出去，摔出數丈之外，口中狂噴鮮血，眼見不活了。

眾契丹人從未見過這等劈空掌的神技，掌力無影無蹤，猶如妖法，不約而同的一齊勒馬退後，神色驚恐異常，只怕蕭峰向自己一掌擊了過來。

根據文中描寫，喬峰使劈空掌時，既不產生耀眼的電弧，也不發出嗤嗤的聲響，可見他這種隔空傷人的功夫與特斯拉線圈和尖端放電都沒有關係。《射鵰英雄傳》第二十六回，西毒歐陽鋒曾用劈空掌暗算黃藥師和黃蓉，或許我們可以從中看出這門功夫的端倪：

歐陽鋒知道黃藥師心思機敏，不似洪七公之坦率，向他暗算不易成功，但見他笑得舒暢，毫不戒備，有此可乘之機，如何不下毒手？只聽得猶似金鐵交鳴，鏗鏗三聲，他笑聲忽止，鬥然間快似閃電般向黃藥師一揖到地。黃藥師仍是仰天長笑，左掌一立，右手鉤握，抱拳還禮，兩人身子都是微微一晃。歐陽鋒一擊不中，身形不動，猛地倒退三步，叫道：「黃老邪，咱哥兒倆後會有期。」長袖一振，衣袂飄起，轉身欲走。

黃藥師臉色微變，左掌推出，擋在女兒身前。郭靖也已瞧出西毒這一轉身之間暗施陰狠功夫，以劈空掌之類手法襲擊黃蓉。他見機出招均不如黃藥師之快，眼見危險，已不及相救，大喝一聲，雙拳向西毒胸口直捶過去，要逼他還掌自解，襲擊黃蓉這一招勁力就不致使足了。

歐陽鋒使劈空掌的姿勢很古怪，「快似閃電般向黃藥師一揖到地」，劈空掌已經發了出去。這一掌沒成功，被黃藥師擋了回去，緊接著他又用普通人完全看不見的速度對準黃蓉發了一掌，若非郭靖奮不顧身相救，黃蓉必死無疑。由此看來，劈空掌的訣竅就是一個字：快。

一個物體在空氣中運動，假如速度足夠快，會推動空氣高速運動，宏觀上形成風，微觀上形成衝擊波。舉例言之，超音速飛機在空氣中飛過，手榴彈在空氣中爆炸，還有老年人在廣場上健身時突然甩動再高速彈回的鞭梢，都能讓附近的空氣猛烈震盪，形成超過音速的衝擊波，並產生一股強烈的壓縮氣流。如果壓縮氣流的速度夠大，衝擊波的能量夠強，直接作用在人身上，可以讓人噴血而亡。所以我要在這裡友情提示，看見老人甩動鞭子健身時一定要遠遠躲開。鞭子是很細，可是人家速度快啊！鞭梢掃在身上一定很痛的。即使掃不到，由鞭梢高速運動所產生的衝擊波也不可輕視哦，萬一那股衝擊波離耳朵很近，可能震破耳膜。

劈空掌之所以能傷人，很可能是因為手掌擊出的速度太快，將空氣變成衝擊波。試想一下，喬峰內力高深，出招迅猛，他拍出一掌大約相當於在空氣中引爆一根雷管，只不過雷管的衝擊波向四面八方擴散，劈空掌的衝擊波卻是對準敵人定向擴散。

同樣的物體、同樣的運動速度，在不同介質中會產生不同能量的衝擊波。空氣動力學告訴我們，衝擊波的能量與「馬赫數」（M或Ma）和「雷諾數」（Re）成正比。馬赫數表示物體在空氣中的運動速度，一馬赫就是音速的一倍，二馬赫就是音速的二倍，三馬赫就是音速的三倍。雷諾數表示空氣的黏稠度，空氣密度愈大，雷諾數就愈大。喬峰以同樣的內力施展劈空掌，在山頂的威力一定比在平地小，因為山頂空氣稀薄，雷諾數偏小，衝擊波的能量也偏小。而如果讓喬峰置身於真空環境，他的劈空掌將變得毫無殺傷力，因為真空中沒有空氣，雷諾數為零。

科幻電影《復仇者聯盟》中有一個場景：外星文明入侵地球，地球人招架不住，美國政府決定用原子彈對付入侵者。原子彈的威力當然很大，可是如果讓它在大氣層上空爆炸，對外星人的殺傷力就會銳減，因為只剩下某些射線和電磁脈衝在發揮作用，而不會再產生直接傷害效果的衝擊波。

順便說一下，黃蓉也練過劈空掌，但是火候不到，沒能掌握劈空掌的精髓。《射鵰英雄傳》第十三回：

> 黃蓉點頭一笑，揮掌向著燭臺虛劈，嗤的一聲，燭火應手而滅。
> 郭靖低讚一聲：「好掌法！」問道：「這就是劈空掌麼？」黃蓉笑道：「我就只練到

這樣，鬧著玩還可以，要打人可全無用處。」

黃蓉之所以能打滅蠟燭，靠的僅僅是掌風，而不是掌力。手掌推動空氣做運動，形成一股微風，風吹到火焰上，蠟燭就滅了。黃蓉出掌的速度太慢，還遠遠達不到產生衝擊波的程度，我們這些凡夫俗子稍加訓練，也能像她一樣用掌風滅蠟燭，拿來唬人還行，打架沒用。

我們甚至不用出掌，把手放在冷水裡泡一泡，放到燭火旁邊，動都不用動，火焰自己會搖擺起來——手掌附近的空氣在降溫，火焰附近的空氣在升溫，兩股空氣存在溫差，高溫空氣會向低溫一端流動，形成微弱的氣流，讓火焰輕輕搖擺。

如果把蠟燭撤掉，換成一個薄如蟬翼的風車，再將手掌烤熱，放到風車一側。手掌會讓附近空氣升溫，與風車另一側的空氣產生溫差，一樣能形成微弱的氣流，讓風車慢慢轉動起來。

擒龍功

話說喬峰真是武學奇才，他會劈空掌，會降龍十八掌，還練成了一種看上去更加神奇的武功：擒龍功。

請大家再次翻開《天龍八部》，找到喬峰制服風波惡那一段。

風波惡卻道：「喬幫主，我武功是不如你，不過適才這一招輸得不大服氣，你有點出我不意，攻我無備。」喬峰道：「不錯，我確是出你不意，攻你無備。咱們再試幾招，我接你的單刀。」一句話甫畢，虛空一抓，一股氣流激動地下的單刀，那刀竟然跳了起來，躍入了他手中。喬峰手指一撥，單刀倒轉刀柄，便遞向風波惡的身前。

風波惡登時便怔住了，顫聲道：「這……這是『擒龍功』罷？世上居然真的……真的有人會此神奇武功。」

喬峰微笑道：「在下初窺門徑，貽笑方家。」說著眼光不自禁地向王語嫣射去。適才王語嫣說他那一招「沛然成雨」，竟如未卜先知一般，實令他詫異之極，這時頗想知道這位精通武學的姑娘，對自己這門功夫有什麼品評。

王語嫣當時正神遊物外，沒有對喬峰的擒龍功做任何評價，現在不妨由我們來品評一下。

虛空一抓，地上的單刀就跳起來躍入手中，這一招擒龍功確實神奇。究竟有什麼科學依據？咱們只要回憶一下電磁學的相關知識，就能發現其中奧妙。

要知道，電場和磁場是共通的，它們要麼是同一物體的兩種屬性，要麼是同一屬性的兩種表現。電場發生變化，一定產生磁場。磁場發生變化，必然產生電場。

通電的導線會產生磁場，磁場裡的鐵塊會帶有磁性，依據這個原理，可以製成電磁鐵。喬峰很可能在手臂上綁了一根纏著導線的鐵芯，並在身上某個地方安裝了電源和開關。當喬峰摁下開關，開通電源，使導線通電之後，那根鐵芯就有了磁性。接著把手臂對準地上的單刀，那柄用鋼鐵鍛造的單刀就會被電磁力吸得跳起來。等他抓到了單刀，就關掉電源，使電線不再通電，鐵芯便失去磁性，不再具有磁力。

在電磁學領域，電磁鐵的磁力叫「安培力」，安培力的大小與導線長度、電流強度成正比。也就是說，喬峰的擒龍功練到何種程度，取決於線圈長度、線圈電阻和電源電壓的大小。電源電壓愈強，線圈電阻愈小，導線內電流強度就愈大，電磁鐵磁力就愈強。喬峰向風波惡表示謙虛，說自己「初窺門徑、貽笑方家」，大概是線圈還不夠長、電壓不夠大的緣故。

喬峰是堂堂丐幫幫主，整天在胳膊上綁一電磁鐵，還要隨身攜帶著電源和開關，似乎不大雅觀，而且也有點累贅。或許喬幫主並非電視劇裡那種虯髯大漢形象，而是鐵胳膊、鐵腿、鐵腦袋，一身變形金剛造型，這也很酷。

再請大家翻到《天龍八部》第三十一章，找到虛竹破解玲瓏棋局，進入逍遙派密室的那一段：

> 只聽得丁春秋的聲音叫道：「這是本門的門戶，你這小和尚豈可擅入？」跟著砰砰兩聲巨響，虛竹只覺一股勁風倒卷上來，要將他身子拉將出去，可是跟著兩股大力在他背心和臀部猛力一撞，身不由主，便是一個筋斗，向裡直翻了進去。他不知這一下已是死裡逃生，適才丁春秋發掌暗襲，要致他死命，鳩摩智則運起「控鶴功」，要拉他出來。但段延慶以杖上暗勁消去了丁春秋的一掌，蘇星河處身在他和鳩摩智之間，以左掌消解了「控鶴功」，右掌連拍了兩下，將他打了進去。

與喬峰擒龍功非常相似，鳩摩智的「控鶴功」也是隔空吸物。但與擒龍功不一樣的是，控鶴功吸的是活人，不是單刀。

我們用電磁鐵原理解釋擒龍功，解釋得很圓滿，可是如果再用這個原理來解釋控鶴功，就會遇到障礙——被控鶴功往外吸的虛竹可不是金屬，是碳水化合物，哪怕鳩摩智渾身都是電磁鐵，也吸不動他。

該怎麼解釋控鶴功呢？我的意見是，照樣能用電磁鐵來解釋。沒錯，虛竹不是金屬，可他的血液裡有金屬啊！銅離子、鐵離子、鋅離子、鎂離子，各種各樣的金屬離子，這些離子對磁力是有反應的，尤其鐵離子，在磁場裡跑得比誰都快。假如鳩摩智身上的電磁力夠強大，就可以吸引虛竹體內的鐵離子向他飛去，在無數鐵離子帶動下，虛竹也會跟著向鳩摩智飛去。

控鶴功的磁感應強度遠遠大於擒龍功。換言之，鳩摩智在身上捆綁的電磁鐵更多，纏繞的線圈更長，線圈電阻更小，電源電壓更大。看過《X戰警》的朋友應該都記得超級變種人萬磁王——萬磁王強大到能讓人體血液裡所有鐵離子破體而出，再迅速聚合成一塊金屬圓盤，其磁感應強度又遠遠超過鳩摩智。假設喬峰、鳩摩智和萬磁王三人華山論劍，最後勝出的一定是萬磁王，因為喬峰和鳩摩智身上的電磁鐵連同體內的鐵離子，都會在剎那之間被萬磁王吸走。

回過頭來還說《天龍八部》。

四大惡人的老大段延慶應該也是運用電磁力的高手，有一回他中了慕容復的毒，「左掌凌空一抓，欲運虛勁將鋼杖拿回手中，不料一抓之下，內力運發不出，地下的鋼杖絲毫不動。」其實他不是內力運發不出，而是電源沒電了，或是開關壞掉而已。你知道，開關一壞，線圈就無法通電；線圈一不通電，鐵芯就消磁；鐵芯一消磁，地上的鋼杖自然就絲毫不動了。

說真的，我很佩服段延慶，這人不但能運用電磁力，還深得空氣動力學之精髓。就拿他和聾啞先生蘇星河下棋那一段說來，他「左手鐵杖伸到棋盒中一點，杖頭便如有吸力一般，吸住一枚白子，放在棋局之上」。

棋子很少用鐵打造，一般都是木頭、象牙或者塑膠，無論段延慶怎樣催動電磁力，都不可能讓鐵杖吸住棋子，對不對？合理的解釋是，段延慶這次沒有使用電磁力，他只是催動真氣，讓杖頭附近的空氣加速流轉而已。

按照空氣動力學中的白努利定律，流速愈大的地方，壓力會愈小。也就是說，杖頭附近的氣壓會陡然下降，而棋子附近的氣壓仍然是正常大氣壓。在氣壓差的作用下，棋子會飛向杖頭，只要段延慶一直催動真氣，氣壓差會一直存在，棋子就會一直吸附在他的鐵杖上。

迴力鏢與磁浮

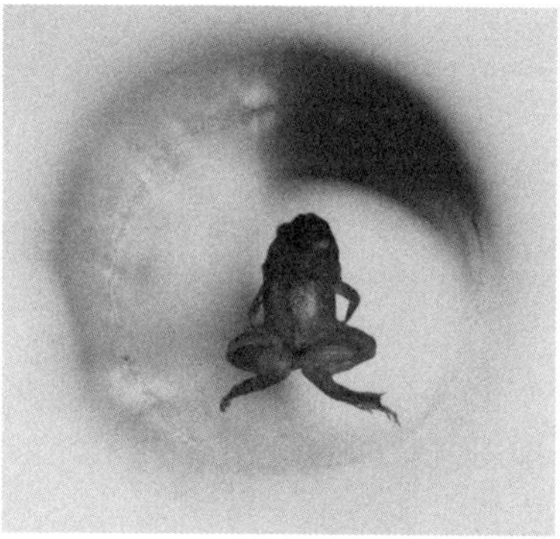
利用磁浮技術浮起的活青蛙

不知道有沒有朋友玩過迴力鏢？這是一種形狀怪異的暗器，中間凸起，兩端彎曲，好像一個扁扁的人字，又像農耕時代套在牛脖子上的「軛」。抓住迴力鏢的一端，用力將其旋轉著擲出，如果手法正確、力度適中，它飛行一段距離後，竟然還會飛回我們手中。

金庸群俠中沒有人用迴力鏢做武器，漫威旗下專門獵殺僵屍的超級英雄 Blade 倒擅長用迴旋鏢。電影《刀鋒戰士Ⅱ》開場不久，Blade 追捕一個騎重機逃脫的僵屍，甩出一枚寒光閃閃的迴力鏢。迴力鏢繞著僵屍飛了一圈，沒能擊中，Blade 來一個蟒龍大轉身，左手伸出，剛好將飛回來的迴力鏢接住，酷斃了。

乍看上去，迴力鏢好像是被 Blade 用一股吸力召喚回來的，實際上它是在空氣動力作用下改變了運動軌跡。

首先觀察迴力鏢的形狀，它有兩個翅膀，也就是兩端彎曲的部分，一面較為突起，另一面較為平坦。在旋轉飛行的過程中，流經迴力鏢上下翼面的空氣速度不相同，下翼面的空氣流速一定會低於上翼面。迴力鏢拋出後，在獲得向前初速度的同時，還以兩翼連接點為中心自旋。如果將迴力鏢垂直向前拋出，兩翼受到升力的方向會變成向左或右的側向力。由於迴力鏢在向前飛行的同時也自旋，上翼面相對於空氣的運動速度顯然等於迴力鏢飛行速度與上翼面自旋線速度之和，而下翼面相對於空氣的運動速度則等於迴力鏢飛行速度與下翼面自旋線速度之差。迴力鏢拋出時並非絕對筆直，而是與鉛垂線有一個傾角，這就意味著兩翼產生的升力在垂直方向向上的分力可以維持迴力鏢的平飛乃至上升，而升力在水平方向向上的分力則可以讓迴力鏢改變方向，重新飛回到發射點。

明白迴力鏢的飛行原理後，不妨再做個假設：如果有人將一個超大的迴力鏢垂直安裝在頭部上方，用電力驅動迴力鏢向前飛行，最後迴力鏢能不能帶著這個人飛回原地呢？答案應該是肯定的。

還有更穩當的做法：將迴力鏢形狀改成一個十字交叉的螺旋槳，水平安裝在腦袋上。只要螺旋槳轉動速度夠快，上下翼面的速度差夠大，就能產生強大的上升力，使人體得以在空中懸浮；然後在屁股上安裝一個尾翼，調整尾翼的速度和方向，就可以實現自由翱翔的理想了。直升機的飛行原理正是這樣。

為了讓螺旋槳產生的上升力超過人體重力，槳葉必須很寬、很長，旋轉速度必須非常快，需要的動力非常大，馬達的轟鳴聲、螺旋槳切割空氣的摩擦聲，會對沒有隔音保護的飛行者帶來巨大傷害。

為了實現寧靜優雅的飛行之夢，我們應該扔掉空氣動力學，再次用電磁學武裝自己。大家還記得《X戰警》系列裡萬磁王穿著披風在空中飛行的畫面吧？他保持著站立姿勢，上身不動，下身不搖，雙腿不丁不八，猶如御風而行。他的飛行，正是依據電磁學原理。

萬磁王每次飛行，上身都穿著鋼鐵盔甲（被披風遮蓋，有些隱蔽）。這套盔甲不是用來抵禦攻擊，而是為了協助飛行——萬磁王用他控制磁場的超能力將盔甲磁化，使之與地球這個龐大磁體之間產生同性相斥的斥力。斥力超過重力，他會騰空而起。斥力與重力持平，他將懸浮在空中。

磁性物質不限於鋼鐵，世間萬物均有磁性，構成物體的每一個質子、中子、電子都具有微小的磁場。電子圍繞原子核運動，也會產生磁場。只是絕大多數電子的磁場都有自行配對的趨勢，當配對完成後，原子的合磁場為零。例如紙張、塑膠以及金、銀、鋁、鋅等金屬，自然狀態下的原子合磁場都是零，所以表現不出磁性。

另外所有物質都有一種抗磁性：物質的感應磁場總是與外部磁場相反，原子磁性排列總是試圖抵銷外部磁場的影響。抗磁性本質上是一種量子物理效應，任何物質在磁場作用下都會產生抗磁效應。但由於抗磁效應很微弱，當物質表現出磁性時，抗磁效應就被掩蓋了。

能在自然狀態下顯示抗磁效應的物質被稱為抗磁體，例如組成人體的水和蛋白質都是抗磁體。利用這些抗磁體對地球磁場的排斥力，理論上也可以將人體懸浮在空中。

二〇〇〇年搞笑諾貝爾獎獲得者蓋姆（Andre Geim）就曾經用中等強磁場將一隻青蛙懸浮起來，利用了有機物的抗磁性原理。二〇〇九年九月，美國太空總署噴氣推進實驗室（NASA's Jet Propulsion Laboratory）採用超導磁體，將一隻小白鼠懸浮在空中，更是抗磁體懸浮技術的一大進步。

小白鼠的生物組成比較接近人類，相信在不久的將來，不斷改進的抗磁體懸浮技術可以讓我們普通人實現在空中漫步的理想，與萬磁王比酷。

《天龍八部》第四十三回，少林寺掃地僧「右手抓住蕭遠山屍首的後領，左手抓住慕容博屍首的後領，邁開大步，竟如凌虛而行一般，走了幾步，便跨出了窗子」。此前喬峰一掌打在掃地僧胸口，將他打到吐血，說明他沒穿鋼鐵盔甲。不穿鋼鐵盔甲而能凌虛而行，說明掃地僧很可能已經掌握了最先進的抗磁體懸浮技術。

第六章

凌波微步與量子物理

阿基米德能撐起地球嗎？

相聲名段《兵器譜》裡有一段貫口：「刀槍劍戟，斧鉞鉤叉，拐子流星，鞭鐧錘抓，帶尖兒的帶刃兒的，帶絨繩兒的帶鎖鏈兒的，帶倒齒鉤兒的帶峨嵋刺兒的……」用北方官話裡的兒化音念出來，合轍押韻，琅琅上口。這段貫口說的是傳統武術界十八般兵器。哪十八般？刀、槍、劍、戟、斧、鉞、鉤、叉、鞭、鐧、錘、撾、鐵拐、流星錘，再加上棍棒、弓箭、藤牌、釘耙，總共一十八種。十八般兵器有長有短，各有利弊。一般來說，短兵器用起來更靈活，長兵器的打擊範圍更大。所以江湖上有言道：「一寸短，一寸險。一寸長，一寸強。」

為了增大打擊範圍，溫里安筆下的殺手會使用一些特別長的兵器。《少年鐵手》中就有這樣的殺手：

> 有一道人影奇快無比，竟還渾身閃著異光，此人手執十九尺九寸長刀，一刀斫著了鄭重重。

《四大名捕走龍蛇》中也有這樣的殺手：

他前衝勢頭未歇，紫杜鵑叢倏然閃出一個人！

這人一現身，出劍！劍長十一尺！

冷血驚覺的時候，胸膛已中劍！

刀長「十九尺九寸」，超過六公尺。劍長「十一尺」，接近四公尺。兵器長到這個地步，那真是一掃一大片，一紮一條線，自己傷得敵人，敵人傷不到自己。

既然長兵器有如此好處，幹嘛不把兵器打造得更長一些呢？比如說打造一把一千公里長的長劍，人在千里，劍在眼前，您一劍刺出，說不定可以殺死遠在另一個國家的敵人！

可惜這是行不通的。

首先，兵器愈長，質量愈大，一千公里長的長劍，起重機都吊不起來，憑人力如何使得動它？

其次，兵器愈長，堅固性愈差，您這邊費盡九牛二虎之力舉起了劍柄，那邊劍尖還在地上躺著呢，中間有壓路機碾過去，喏，劍折了。

最後，兵器那麼長，使用起來會極不靈活，敵人趁虛而入，直搗中宮，您剛使了半招，人家就取了您的性命。

由此可見，一味追求長度，效果並不好，長短適中才重要。

我們都知道，孫悟空有一條如意金箍棒，神鐵打造，重一萬三千五百斤（約八千一百公斤），要長就長，要短就短。現在假設孫悟空想殺死嫦娥，他站在地球上，豎起金箍棒，念念有詞：「長，長，長，長……」金箍棒一直伸到月球上去。孫悟空火眼金睛，看清了嫦娥的位置，掄棒就搗，能不能一下子把嫦娥搗死呢？

乍聽上去好像可行，但是物理學家會指出問題所在。

在物理學家眼中，一切物體都是由原子組成的，原子和原子之間透過化學鍵結合。化學鍵是一種能量，控制著原子間的距離，傳導著原子間的作用力。金箍棒一端的原子受到孫悟空的推力，這個推力會被一個又一個化學鍵傳導下去，經過一段時間之後，金箍棒另一段的原子才能感受到推力，然後朝嫦娥的位置移動過去。

金箍棒用鋼鐵鑄造，推力在鐵原子間的傳導速度，差不多等於聲波在鋼材中的傳播速度，每秒大約五千二百公尺。已知月球與地球的平均距離是三十八萬四千四百公里，用地月距離除以傳播速度，可求出孫悟空的推力傳過整條金箍棒的時間，計算結果是七萬三千九百二十三秒，超過二十個小時。

也就是說，孫悟空搗出一棒，要經過一天一夜的時間才能傷到嫦娥。人家嫦娥也是神仙耶，在月宮裡俯視人間，看見孫悟空使壞，不用慌，不用忙。洗洗臉，梳梳頭，敷敷面膜，吃吃早點，帶著玉兔逛街購物，傍晚回到家，站在原地，向孫悟空豎起中指，然後隨隨便便挪個位置，就能躲開金箍棒。

力在原子間傳播需要時間，現代物理學家能認識到這一點，古代物理學家並不懂得。距今二千多年的古希臘物理學家阿基米德（Archimedes）不是說過嗎？「給我一個支點，我能撐起整個地球。」從槓桿原理上說，他的豪言壯語完全有可能實現，可是一旦考慮到力的傳播時間，他老人家就沒戲唱了。

根據槓桿原理，在槓桿一端施加一個垂直於槓桿的力，這個力與力臂（從受力點到槓桿支點的投影距離）的乘積等於槓桿另一端力與力臂的乘積。地球質量大約是 6×10^{24} 公斤，阿基米德想舉起地球，只需要找到一根 $6\times10^{24}+1$ 公尺的槓桿，將支點設在 6×10^{24} 公尺處，短的那端是地球，長的這端是自己，按住長端的端點，向下施加一個超過一公斤的力，地球就能被撬起來。

問題恰恰在於力在槓桿上的傳導需要時間。假定阿基米德這根槓桿就是孫悟空的金箍棒，力的傳導速度也是每秒五千二百公尺，他的力要經過多久才能傳到槓桿另一端呢？大約需要 1.15×10^{21} 秒，也就是 3.2×10^{17} 小時，按一年八千七百六十小時估算，需要 3.66×10^{13} 年，即三十六・六萬億年！要知道，地球的年齡才四十六億年，宇宙的年齡才一百三十八億年，某些物理學家預估宇宙的壽命只剩二十八億年，就算阿基米德壽與天齊，一直到宇宙毀滅，他也看不到地球被他舉起的半點跡象。

瞧，宏觀世界上好像行得通的道理，一旦細化到量子級別，很可能就要撞牆了。

洪七公為什麼凍不死？

《倚天屠龍記》第二十五回，張無忌給師伯俞岱岩和師叔殷梨亭敷上西域少林派的骨科聖藥「黑金斷續膏」，第二天下午，發現敷錯了藥：

張無忌見了這等情景，大是驚異，在殷梨亭「承泣」、「太陽」、「膻中」等穴上推拿數下，將他救醒過來，問俞岱岩道：「三師伯，是斷骨處痛得厲害麼？」俞岱岩道：「斷骨處疼痛，那也罷了，只覺得五臟六腑中到處痳癢難當……好像，好像有千萬條小蟲在亂鑽亂爬。」張無忌這一驚非同小可，聽俞岱岩所說，明明是身中劇毒之象，忙問殷梨亭道：「六叔，你覺得怎樣？」

殷梨亭迷迷糊糊地道：「紅的、紫的、青的、綠的、黃的、白的、藍的……鮮豔得緊，許許多多小球兒在飛舞，轉來轉去……真是好看……你瞧，你瞧……」

張無忌「啊喲」一聲大叫，險些當場便暈了過去，一時所想到的只是王難姑所遺《毒經》中的一段話：「七蟲七花膏，以毒蟲七種、毒花七種，搗爛煎熬而成，中毒者先感內臟麻癢，如七蟲咬齧，然後眼前現斑斕彩色，奇麗變幻，如七花飛散。七蟲七花膏所用七蟲七花，依人而異，南北不同，大凡最具靈驗神效者，共四十九種配法，變化異方複六十三種。須施毒者自解。」

張無忌額頭冷汗涔涔而下，知道終於是上了趙敏的惡當，她在黑玉瓶中所盛的固是七蟲七花膏，而在阿三和禿頂阿二身上所敷的，竟也是這劇毒的藥物，不惜捨卻兩名高手的性命，要引得自己入彀，這等毒辣心腸，當真是匪夷所思。

他大悔大恨之下，立即行動如風，拆除兩人身上的夾板繃帶，用燒酒洗淨兩人四肢所敷的劇毒藥膏。楊不悔見他臉色鄭重，心知大事不妙，再也顧不得嫌忌，幫著用酒洗滌殷梨亭四肢。但見黑色透入肌理，洗之不去，猶如染匠、漆匠手上所染顏色，非一旦可除。

原來他敷上的不是黑金斷續膏，而是七蟲七花膏。

七蟲七花膏有毒，能讓傷者產生幻覺，這不稀奇，我們喝酒喝多了，一樣能產生幻覺。關鍵是，這種藥塗抹在四肢上，怎麼會「深入肌理，洗之不去」呢？

因為任何物質都由原子組成，原子無時無刻不在做劇烈的、無規則的運動，七蟲七花膏的原子也不例外。宏觀上觀察七蟲七花膏，它是介於固體和液體之間的膠體，塗到人體上，它好像是靜止不動的。用光學顯微鏡觀察，它每一個部分都在流動。再用電子顯微鏡觀察，它每一個原子都在振動，有的向左，有的向右，有的向外，有的向內。從概率上講，總有一些原子會在某些時刻朝著人體方向振動，就像吸附在大腿上的水蛭，不斷鑽進俞岱岩和殷梨亭的皮膚、血液甚至骨骼裡。反過來看也是一樣，俞岱岩和殷梨亭的身體也是由原子組成，他們的原子也在做無規則運動，總有一些原子會在某些時刻朝著七蟲七花膏的方向振動。於是人的原子混進藥的原子，藥的原子混進人的原子，時間愈長，混雜的原子愈多，漸漸地，人體就染上了藥的顏色。

據說，內力高深的人抓起兩塊鐵，上下疊壓，雙手一使勁，能讓鐵塊牢牢黏在一起，從兩塊變成一塊。其實我們也可以做到，只要有足夠的時間：將兩塊鐵、兩塊金板、兩塊銅板或其他任何種類的兩塊金屬疊在一起，等上幾百年、幾千年、幾萬年的時光，它們總會變成一塊，即使不施加任何外力。究其原理，還是因為原子一直振動，兩個物體接觸面上的原子振動尤其劇烈，總會有一些偷偷鑽進對方的懷抱，從此兩情不渝，死不分離。

宏觀上靜止不動的物體，微觀上從來沒有停止過運動。好比我們從高空看大海，一片蔚藍，光滑如鏡；降落到低空時再看，大海波濤洶湧，起伏不定；等我們跳進大海，又可以觀察並感受到沖天的巨浪、飛濺的水花。舀一碗海水，放在靜室裡，水面又呈現出光滑如鏡的狀態，可是用足夠清晰的儀器去看，又可以看到水分子在跳躍、水蒸氣在揮發，碗口附近的空氣都因為微弱的溫差而流動起來。

分子、原子、質子、中子、電子，以及更小級別的夸克、輕子、玻色子，統統在運動，永不停息。它們的運動似乎是無規則的，同時又遵循某些概率。比如說給一個物體加熱，不管它的形態是固體、液體、氣體還是膠體，其微粒的運動速度都會加快，振動頻率都會加大，往某個特定方向運動的概率就會增加。將一個溫度較高的物體和一個溫度較低的物體放在一起，高溫物體的熱量向低溫物體傳遞，低溫物體的熱量也在向高溫物體傳遞，但是從高溫物體向低溫物體傳遞熱量的概率，一定遠大於從低溫物體向高溫傳遞熱量的概率。這在宏觀上就表現出熱傳導定律：熱量總是從高溫物體傳遞給低溫物體，只有在特別小的概率下，熱傳導的方向會反過來，但是這種概率會小到在整個世界毀滅前都未必會發生一次。

經典物理學也研究過熱傳導，並且總結出許多規律，可那都是站在宏觀角度上得出來的結論。現在我們有了極為精密的觀測設備，有了非常強大的數學工具，從微觀角度再對熱傳導進行觀測和計算，可以得出更加可靠的結論。

《射鵰俠侶》第十回，洪七公在華山絕頂大風雪中大睡三天三夜，沒有被褥，沒有暖氣，身上積了一層厚厚的積雪，醒來依然生龍活虎，到底是什麼道理呢？按照經典物理學的熱傳導定律，我們當然可以得出解釋：雪花是粉末狀固體，一切粉末狀固體都是不良導熱體，可以減緩熱傳導速度。厚厚的積雪覆蓋在洪七公身上，將他與外界的低溫空氣隔絕開來，使他身上的熱量流失得不那麼快，彷彿蓋了一層被子。中國俗諺有云：「今冬麥蓋三層被，來年枕著饅頭睡。」說的就是這個道理。

可是如果繼續追問：為什麼雪花這種粉末狀固體是不良導熱體？它能在多大程度上減緩熱傳導呢？經典物理學未必答得出來，只能用量子物理來求解——量子物理擅長解決微觀問題，可以測出雪花的晶體結構，進而設計一個「量子行為粒子群優化演算法」，精確推算出雪花隨時間變化的熱傳導係數。洪七公要是懂得這個演算法，他老人家在華山絕頂入睡之前，一定會合理安排露營地點和睡眠時間，確保自己能在風雪中睡夠盡可能長的時間，同時又不會被凍死。

哲別為什麼能射中鐵木真？

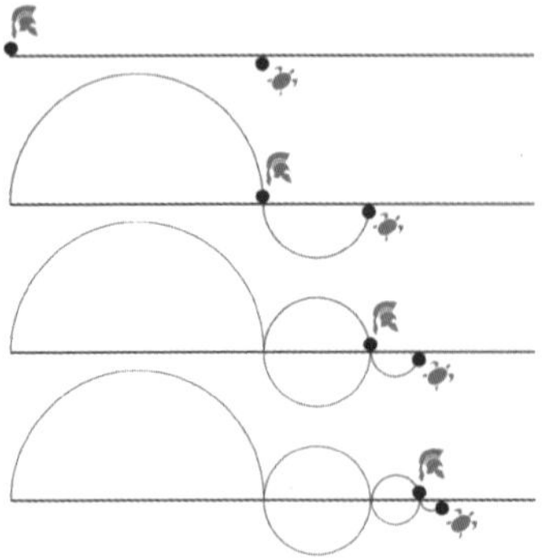

芝諾悖論（圖片出處Grandjean, Martin (2014) *Henri Bergson et les paradoxes de Zénon: Achille battu par la tortue?*）

經典物理認為世界是連續的，量子物理認為世界是斷續的。如果您不明白這句話，請允許我舉幾個例子。

大約二千五百年前，古希臘數學家芝諾（Zeno of Elea）發表了著名的「烏龜悖論」。阿基里斯（Achilles）是古希臘名將，跑得飛快，但是芝諾透過思維實驗得出一個奇怪的結論：不管阿基里斯跑得多快，都追不上一隻烏龜。

芝諾設想：把烏龜放在阿基里斯前方一千公尺處，讓阿基里斯去追烏龜。假定阿基里斯的速度是烏龜的十倍，比賽開始，阿基里斯跑一千公尺，花的時間為 t，此時烏龜領先他一百公尺；阿基里斯跑完下一個一百公尺，花的時間為 0.1t，烏龜領先他十公尺；當阿基里斯跑完下一個十公尺時，花的時間為 0.01t，烏龜領先他一公尺；阿基里斯再跑過這一公尺，花的時間為 0.001t，烏龜領先他〇．一公尺……總而言之，阿基里斯與烏龜之間總有距離存在，他只能無限逼近烏龜，但永遠不可能追上烏龜。

芝諾還有一個與「烏龜悖論」原理相同的悖論，簡稱「飛矢不動」：一支箭射出去，在飛行過程中的每一個瞬間，它都有一個確定的位置，在這個位置它是不動的。時間是由每一個瞬間組成的，因為箭在任何瞬間都是不動的，所以它總體上一定是靜止的。歸根結柢，射出的箭既處於運動狀態，又處於靜止狀態，而這兩種狀態不可能同時存在於一個物體上。

現在讓我們翻開《射鵰英雄傳》第三回，回到熟悉的武俠世界：

西南角上敵軍中忽有一名黑袍將軍越眾而出，箭無虛發，接連將蒙古兵射倒了十餘人。兩名蒙古將官持矛衝上前去，被他嗖嗖兩箭，都倒撞下馬來。鐵木真誇道：「好箭法！」話聲未畢，那黑袍將軍已衝近上山，弓弦響處，一箭正射在鐵木真頸上。

這位黑袍將軍，正是郭靖的師父、蒙古草原上最出色的神箭手哲別。

按照芝諾的第一個悖論，哲別向鐵木真射出一箭，箭在飛，鐵木真在跑，箭飛行一百公尺，鐵木真已跑出十公尺；箭再飛十公尺，鐵木真已跑出一公尺；箭再飛○．一公尺，鐵木真已跑出○．○一公尺……雖然鐵木真沒有箭跑得快，但是由於空間距離可以無限分割，所以箭始終無法射中鐵木真。

按照芝諾的第二個悖論，即使鐵木真站著不動，哲別的箭也射不中他。因為時間可以無限分割，箭在每一特定時刻都是不動的，所以箭總是不動的。

只要相信時空是連續而且可以無限分割的，就得接受芝諾悖論，就得相信哲別射不中鐵木真。可是我們看到的結果並非如此，這說明時空並不是連續的。

經過邏輯推理、數學計算與精密觀測，現代科學家得出了時空不連續的結論，這個結論是量子物理的一個基本思想。

首先我們要認識到，物質並非無限可分，能量也不是無限可分，它們一定都有最小而不可分割的單位。而時空是物質和能量的屬性，所以時空也一定有最小而不可分割的單位。

就拿哲別射出的箭來說，它的飛行軌跡看起來是連續的，實際上每一個量子都在「跳躍」著行進，不斷劃過一小段、一小段的時空。更準確地說，構成箭的最小單位並非做連續運動，而是依照某種頻率和概率，在一小段、一小段的時空中不斷「出現」，其中一部分量子最終會「出現」在鐵木真的身體裡，宏觀上表現為射中了鐵木真。

無規則，不連續，不可分割，以某種概率不斷「出現」，這些思想是量子物理的基石。

量子物理中的「量子」是物理分析中不可分割的最小單位。在某些分析中，分子、原子、電子是量子；在另一些分析中，離子、光子是量子。只要是無規則、不連續、不可分割、只能用概率統計其運動狀態的基本粒子，都能被當作量子。

不妨把量子比做人。

地球上大約七十億人，每個人都是不可再分割的最小單位。憑藉現在的科技，你不可能把一個人劈成兩半，分成兩個活著的人。

如果在某種神祕力量的召喚下，七十億人排成一字長蛇陣，形成一條巨長的線。乍看之下，線是連續的，分成無限多的點。走近了瞧，點並非無限，線並不連續，點與點之間總有間距。這條線上的每個點（人）都在動：有的跑；有的跳；有的站起來；有的躺下去；有的飛上太空；有的留在地球；有的拚命追求另一個點，並與其他的點打起來。哪怕是造物主，也無法判斷每個點的下一步動作，只能長歎一聲，承認它們都在做無規則運動。

現在放棄對單個點的觀察和預測，開始留心所有點的統計規律。咦，它們竟然在整體上表現出非常鮮明的概率。比如說，絕大多數點只在地球上運動，只有極少數點飛離地球；比如說，遇到障礙物時，絕大多數點選擇自動繞開，只有極少數點會撞上去；再比如說，所有的點都有性別，其中絕大多數點具有向異性運動的趨勢，只有極少數點表現出另外的趨勢……

不連續，無規則，不可分割，個體運動雜亂無章，整體上卻又呈現出不容忽視的統計規律，這就是量子的特徵。當然，也是我們人類的特徵。

量子穿牆術

人類有意識，遇到障礙時會做選擇。比如說，我們被一堵牆擋住，要麼退回去，要麼繞過去，要麼找一架梯子，像張生私會崔鶯鶯那樣翻牆而入。如果輕功特別好呢，就可以學段譽，懷裡抱著一個人，還能一躍而過：

段譽左手摟住王語嫣，用力一躍，右手去握風波惡的手。不料一躍之下，兩個人輕輕巧巧地從風波惡頭頂飛越而過，還高出了三、四尺，跟著輕輕落下，如葉之墮，悄然無聲。

段譽用輕功過牆，很瀟灑，但不夠霸氣。他爸爸段正淳在萬劫谷被一排樹牆擋了路，明明可以跳過，卻吩咐部下在牆上砍出一個入口：

段正淳心想今日之事已無善罷之理，不如先行立威，好教對方知難而退，便道：「篤誠，砍下幾株樹來，好讓大夥兒行走。」古篤誠應道：「是！」舉起鋼斧，擦擦擦幾響，登時將一株大樹砍斷。傅思歸雙掌推出，那斷樹喀喇喇聲響，倒在一旁。鋼斧白光閃耀，接連揮動，響聲不絕，大樹一株株倒下，片刻間便砍倒了五株。

段正淳命人以斧劈牆，也不算最霸氣，最霸氣的當屬《笑傲江湖》中日月神教的教主任我行，他僅憑血肉之軀，直接穿牆而過：

只聽得一人哈哈大笑，發自向問天身旁的人口中。這笑聲聲震屋瓦，令狐沖耳中嗡嗡作響，只覺胸腹間氣血翻湧，說不出的難過。那人邁步向前，遇到牆壁，雙手一推，轟隆一聲響，牆上登時穿了一個大洞，那人便從牆洞中走了進去。向問天伸手挽住令狐沖的右手，並肩走進屋去。

量子物理學所研究的量子，完全是沒有意識的東西，個頭也比人小得多得多，兩者相差不止億億億萬倍，但是當量子遇到障礙時，竟然會像人一樣做出不同選擇！

就拿光來說吧，每一束光都包含大量光子，每個光子都是一團小到不能分割的能量。這一小團能量以光速運動，碰到了一個障礙物，或一堵能量牆。假如障礙物的尺寸小於光子的波長，光子會繞過去，毫不費力，彷彿輕功高手越牆而過。假如障礙物的尺寸超過光子的波長，光子繞不過去，但是光子本身能量略略超過障礙物能量（量子物理學中稱為「勢壘」，光子會直接穿過去，非常霸氣，彷彿任我行以血肉之軀穿透牆壁。

假如光子的波長超過障礙物的尺寸，能量又弱於障礙物，好比一個人輕功不行，硬功也不行，還找不到斧頭和梯子，是不是會被障礙物擋住、只能悻悻然掉頭而去呢？一般來說是這樣的。不過總有一些光子，既沒有跳，也沒有繞，還沒有硬闖，卻突然出現在障礙物的另一側。這種現象，被量子物理學家稱為「量子穿隧效應」，意思是說量子好像發現了一個誰都看不見的隧道，沿著隧道偷偷溜了過去。

大家還記得《笑傲江湖》裡令狐沖等人被困少林寺的情節吧？正教高手在少室山的半山腰重重圍困，密布陷阱，本來誰都出不去，幸好桃谷六仙偶然發現一條通往山腳下的地下隧道，才使令狐沖等人逃了出去。

量子穿隧效應還不同於令狐沖逃出少林寺。人從隧道裡穿過，需要一步一步走，有時間，有過程，那是連續的。而量子的運動軌跡不連續，它此時在障礙物左側，下一刻立即出現在障礙物右側，中間並沒有什麼連續運動。好比敵人夜半來襲，你提前做好準備，在大營外面安排了絆馬索，滿心指望把他絆倒。但是奇蹟出現了，敵人突然使出移形換影大法，啾地一下出現在你面前。你大驚失色，問他是怎麼過來的，他撓撓頭，說不出任何原因。是的，他沒有用輕功，也沒有鑽地道，更沒有挪開障礙物，就是莫名其妙改變了一下位置。

光子、電子、原子、分子，莫不遵循上述運動規律。你可以做個實驗，在兩層導體中間夾一個絕緣層，將其中一層導體通電，原則上沒有電子可以穿過絕緣層，抵達另一層導體。但是實驗結果顯示，另一層導體出現了很少量的電子，其數量大約是通電那層電子數量的億萬分之一。量子物理學家已經推導出相關的數學模型，據此可以求出電子穿過絕緣層的概率。

人也是由一個個量子組成的，所以人也一樣服從量子穿隧效應。《聊齋志異》中就有這樣的故事：某年輕人學會茅山術，可以穿過一尺厚的牆，而牆壁完好無損，彷彿他身上的所有量子集體穿過了量子隧道。

量子穿隧效應的數學模型告訴我們，量子數量愈多，障礙物尺寸愈大，穿過的可能性就愈低。像人這麼大的宏觀物體，想穿牆而過，絕對比電子穿過絕緣層難得多。把全球七十億人都放在一堵半公尺厚的牆壁一側，大家一起等到宇宙毀滅，或許會有一個人出現到牆壁另一側。

凌波微步和測不準定理

人太大，量子太小，我們很容易測出一個人的位置、速度、身高、體重、三圍、年齡，卻很難測出一個量子的運動軌跡。

一個電子無時無刻不在運動，它有質量，也有速度，在每個具體時刻都有具體位置。但是，只能測出它在某個時刻的速度，無法測出它在此刻的位置。如果測出了它在某個時刻的位置，就一定測不出它在那個時刻的速度。

速度和位置，在量子物理學中屬於「共軛量」，意思是不可能同時測準的一對物理量。它們像一對不共戴天的仇敵，有你沒我，有我沒你；只要讓一個登臺亮相，另一個馬上掉頭就走。打個不太恰當的比方，速度就像周芷若，位置就像趙敏，觀測者就像張無忌。張無忌擁抱趙敏的時候，周芷若會摔門而去；張無忌趕緊去撫慰周芷若，回頭會發現趙敏已經走了。而如果張無忌狗膽包天，妄圖左擁右抱，同時擁有兩個美麗的姑娘，趙敏和周芷若會聯起手來揍他，使他一個都得不到。

到底是什麼原因呢？

德國物理學家海森堡（Heisenberg）給出了解釋：量子太小了，看不見，摸不著，想觀測到它，只能發射出頻率很高、能量很強的光子或者電子，使它們撞擊在被測量的量子上面，再根據反彈回來的光子或電子做出判斷。如我們所願，光子或電子彈了回來，向我們報告量子的位置，但它們報告的只是撞擊那一刻的位置，而不是報告那一刻的位置，因為量子遭受撞擊，早飛得無影無蹤了。如果想測出量子的速度，道理也是一樣，想測得愈準，派遣的光子或電子就得愈強，要測量的量子也就被撞得愈遠。

後人將海森堡總結的這條物理定律稱為「測不準定理」，又叫「不確定性原理」。

《天龍八部》主人公之一段譽擅使一種名為「凌波微步」的奇門武功，這門武功可以看作是對測不準定理的宏觀表述：

段正淳見南海鱷神出抓凌厲，正要出手阻格，卻見段譽向左斜走，步法古怪之極，只跨出一步，便避開了對方奔雷閃電般的這一抓。段正淳喝采：「妙極！」南海鱷神第二掌跟著劈到。段譽並不還手，斜走兩步，又已閃開。

南海鱷神兩招不中，又驚又怒，只見段譽站在自己面前，相距不過三尺，突然間一聲狂吼，雙手齊出，向他胸腹間急抓過去，臂上、手上、指上盡皆使上了全力，狂怒之下，已顧不得雙爪若是抓得實了，這個「南海派未來傳人」便是破胸開膛之禍。

保定帝、段正淳、玉虛散人、高昇泰四人齊聲喝道：「小心！」卻見段譽左踏一步，右跨一步，輕飄飄地已轉到了南海鱷神背後，伸手在他禿頂上拍了一掌。

南海鱷神為了打到段譽，必須準確知道段譽的位置和速度，當他看清段譽的位置時，段譽已經改變了速度，當他看清段譽的速度時，段譽已經改變了位置。他不可能同時測準位置和速度，故此永遠打不到段譽。

遺憾的是，當初創造凌波微步的武林奇人還不懂測不準定理，他只是掌握了天下各門各派武功的精髓，據此設計出一套可以躲避各種攻擊套路的步法。如果攻擊者不按套路出招，這套步法就失效了。

當段譽用凌波微步躲避南海鱷神的攻擊時，精通武學的段正淳和保定帝很快發現了凌波微步的罩門，「兩兄弟互視一眼，臉上都閃過一絲憂色，同時想到：這南海鱷神假使閉起眼睛，壓根兒不去瞧譽兒到了何處，隨手使一套拳法掌法，數招間便打到他了。」

香港武俠小說家西門丁創作過一部《倚刀雲煙》，這部小說名氣不響，故事結構完全借鑑武俠小說名家梁羽生的《萍蹤俠影》，可供圈點處不多。好在書裡有一段非常了不起的情節：主人公陳萬里從樹上跳下時，遭到好幾個敵人圍攻，刀劍與暗器一起來，眼看避無可避，陳萬里使出絕頂輕功，將自己變得像落葉一樣輕，居然躲掉了所有攻擊。

用絕頂輕功來躲避攻擊，比段譽的凌波微步更加接近測不準定理。您想啊，刀劍也好，暗器也罷，攻擊時都會造成氣流的擾動。兵器未到，氣流先到，這股氣流衝擊在質量突然變得極小的陳萬里身上，就好像頻率很高的光子撞擊在被測量的電子之上，他會被激飛，位置和速度統統改變，對準他原先位置攻擊的兵器自然打不到他。

第七章

小龍女的不老祕訣

質能方程

金庸寫過很多部武俠小說，全部是以古代中國為時代背景。例如《越女劍》的故事發生在春秋戰國，《天龍八部》的故事發生在北宋，《神鵰俠侶》的故事發生在南宋，《倚天屠龍記》的故事發生在元朝末年，《碧血劍》的故事發生在明朝末年，《鹿鼎記》、《雪山飛狐》、《飛狐外傳》、《書劍恩仇錄》則都是以清朝為背景。另外還有《俠客行》、《連城訣》和《笑傲江湖》這三部作品，沒有指明發生在哪個時代，但是從書中人物的髮型、著裝以及用白銀購物等細節來看，講述的一定是明朝故事。

古代中國沒有火柴、打火機、手電筒，金庸筆下的人物如要取火和照明，只能使用火刀、火石、火把、火折等原始工具。江湖兒女居家旅行，這些零碎必不可少。

例如《天龍八部》第二回，段譽失足落崖，誤入無崖子師兄妹住過的山洞，「只見几上有兩座燭臺，兀自插著半截殘燭，燭臺的托盤上放著火刀、火石和火媒。」

再如《天龍八部》第四十回，丐幫成員易大彪受到重傷，奄奄一息，公冶乾「便將他懷中物事都掏了出來」，「什麼火刀、火折、暗器、藥物、乾糧、碎銀之類，著實不少。」

火刀是一種刀刃很鈍的短刀；火石是一種常見的矽質燧石。用火刀敲擊火石，可以打出星星點點的火花。用乾燥的草紙或晒乾的艾草做成火媒，使敲出的火花迸濺在上面，再輕輕去吹，火花愈吹愈旺，等到有火苗燃燒起來，就可以給油燈和火把點火了。

但是油燈不易攜帶，火把太占空間，於是聰明的古人發明了火折：用草紙、棉布、樹皮或其他易燃物做成一個捲筒，將已經點燃的火媒放在裡面，底下塞緊，上面蓋嚴，既能保住火媒不熄滅，又能延長其燃燒時間。需要照明的時候，打開蓋子，吹一吹，晃一晃，火媒起火，引燃整個火折，光明隨即降臨。

《射鵰英雄傳》第九回，梁子翁深夜查看自己的住處，就是用火折照明的：

梁子翁笑道：「沙龍王是大行家，別再試啦，快認輸罷。」說著加快腳步，疾往自己房中奔去。剛踏進門，一股血腥氣便撲鼻而至，猛叫不妙，晃亮火折子，只見那條朱紅大蛇已死在當地，身子於癟，蛇血已被吸空，滿屋子藥罐、藥瓶亂成一團。梁子翁這一下身子涼了半截，二十年之功廢於一夕，抱住了蛇屍，忍不住流下淚來。

明的：

《天龍八部》第三十七回，天山童姥帶著虛竹躲進一個暗無天日的冰窖，也是用火折照明的：

兩道門一關上，倉庫中黑漆一團，伸手不見五指，虛竹摸索著從左側進去，愈到裡面，寒氣愈盛，左手伸將出去，碰到了一片又冷又硬、溼漉漉之物，顯然是一大塊堅冰。正奇怪間，童姥已晃亮火折，霎時之間，虛竹眼前出現了一片奇景，只見前後左右，都是一大塊、一大塊割切得方方正正的大冰塊，火光閃爍照射在冰塊之上，忽青忽藍，甚是奇幻。

火折易燃，也易熄滅，一會兒就燒完了，所以它只能用於取火和照明，不能拿來燒水、做飯。關於這一點，稍有生活常識的朋友都明白，無需多言。

但是偉大的物理學家愛因斯坦（Albert Einstein）提出了著名的狹義相對論，並透過嚴格的數學推導得到一個重要的「質能方程」：一個物體具有的能量等於它的靜止質量與光速平方的乘積。在這個方程式中，能量單位是焦耳，質量單位是公斤，光速是光在真空中的速度，每秒二億九千九百七十九萬二千四百五十八公尺。

假定一根由紙筒和火媒構成的火折重達〇・〇〇一公斤，根據愛因斯坦質能方程，它具有的能量是多少呢？經過簡單計算，可以得出一個非常驚人的數字——八十九兆八千七百五十五億一千七百八十七萬三千六百八十二焦耳！我們知道，一度電的能量大約是三百六十萬焦耳，可以讓功率為一千瓦的電器運行一小時，而一根火折所蘊含的能量居然相當於二千五百萬度電，可以供一座中等城市使用二十四小時！

記得天山童姥與師妹李秋水在冰窖裡比武，剛開始有火折照明，但是很快就燒完了，最多給她帶來了幾分鐘的光明。如果真像質能方程所揭示的那樣，一根火折竟然與二千五百萬度電旗鼓相當，並且其能量可以緩慢釋放，冰窖將在長達幾萬年的時間裡亮如白晝，童姥何至於靠聽風辨器之術與李秋水拚命呢？

實在講，愛因斯坦相對論是反常識的，質能方程更加反常識，而這個方程之所以反常識，不是因為它錯了，而是因為我們人類暫時還沒有掌握將質量全部轉化為能量的技術。

愛因斯坦指出，如果一個物體以輻射形式放出能量，該物體質量減少的比例就是所放能量與光速平方的比值。

光速很大，光速的平方更大，哪怕是一噸重的物體，與光速平方相比，幾乎也是可以忽略不計的。換句話說，如果用傳統方式將一噸重的物體完全燒掉，由於產生的能量不大，所以不會讓這個物體失去多少質量，燃燒剩下的質量幾乎還是一噸重。

一些缺乏涵養的朋友讀到這裡，可能會一把火把這本書燒掉，然後用天平去稱量殘餘的紙灰，以此來證明質能方程的荒誕不經，或證明這本書對質能方程的理解有誤。事實上，質能方程不僅適用於原子彈爆炸、氫彈爆炸、核電廠中反應堆燃燒，同樣也適用於日常生活中任何一種形式的能量釋放。一本書本來重幾百克，燒剩的紙灰只有幾克，是因為我們只稱量了紙灰，如果加上燃燒過程中排放到空中的粉塵、煙霧和二氧化碳，其實它的質量還是幾百克。一堆煤本來重一噸，燒剩的煤渣只有幾百公斤，如果加上燃燒過程中排放到空中的粉塵、煙霧、二氧化碳和二氧化硫，它的質量還是一噸，甚至可能比燃燒前更重，因為有大量氧氣一起參與燃燒，而氧氣也是有質量的哦！

燒書、燒煤、燒火折，失去的質量微乎其微，產生的能量自然不會多到哪裡去。一言以蔽之，透過燃燒讓物體釋放能量，效率太低。

就拿燃燒效率最高的高純度汽油來說，一公斤汽油完全燃燒，大約要消耗三．五公斤的氧氣，產生二．八公斤的二氧化碳，排放一．七公斤的有害物質。整個燃燒過程中，最多只能釋放四千三百萬焦耳的能量。而根據質能方程，假如這一公斤汽油的質量完全轉化為能量，它將產生八兆九千八百七十五億萬焦耳的能量，是燃燒所釋放能量的二十億倍！

關鍵在於，怎樣才能把質量一點不剩的全部轉化為能量呢？只有一種方法：依靠反物質。

反物質

所有宏觀物體都由一個個原子組成，每個原子都由原子核和原子核外的電子組成，其中原子核又由質子和中子組成。中子不帶電，質子帶正電，電子帶負電，三種基本粒子共同構成了已知的物質世界。

但是物理學家已經在實驗室中創造出一種非常奇特的物質，其質子帶負電，而電子帶正電，質量與自然界中的物質完全相同，但是電荷性質卻完全相反，這種物質被命名為「反物質」。

如果從實驗室中取出反物質，讓它與外界物質接觸，會釋放出巨大能量。實驗結果顯示，一克反物質與一克外界物質相遇，兩種物質會同時消失，兩克質量被完全轉化為能量。轉化出的能量有多少呢？十七兆九千五百一十億三千五百七十四萬七千三百六十四焦耳，相當於四百一十八萬噸高純度汽油完全燃燒所釋放的能量，威力相當於四萬三千噸ＴＮＴ炸藥同時爆炸。

反物質真是一種逆天的存在，只有它可以用最小質量換取最大能量。假設兩個國家兵戎相見，一個國家祭出所有核武器，另一個國家只需要拿出一點點反物質，就可以扭轉戰局。再假設某個喪心病狂的恐怖分子掌握了反物質，他只需要將一塊冰淇淋大小的反物質投放出去，就能將整個國家夷為平地，還不會留下任何線索，因為反物質一接觸外界物質就立即消失，除了釋放能量，不會產生任何廢料。

溫里安《四大名捕會京師》系列中有一個情節，追命率領群雄夜探幽冥山莊，中途被人用神祕暗器偷襲：

追命一發足猛奔，只見白雪倒飛，人則猶如騰雲駕霧，早已把眾人拋在後頭，但巴天石的「一瀉千里」身法，也甚是高明，又跑在先，所以追命離之，尚有十丈餘遠。

追命正要提氣追上，這時風雪更加猛烈，大雪隨著冷冽的北風翻飛之下，一、二丈內，竟看不見任何東西。

就在這時，前面速爾響起了一聲怒吼，接著便是一聲悶哼。

追命心中一震，猛地醒悟，自己等拚命飛奔之中，自不免無及前後照應，而依適才店門前吊死常無天的情形來看，有人對自己等意圖不利，而今各個分散，不是正中了敵人之計？當下大叫道：「各位小心，放慢速度，有敵來犯？」

聲音滾滾地傳了開去，一面暗中戒備，向前掠去，猛地腳下踢到一人，那人呻吟一聲，一手向自己的腳踝抓來，追命聽出是巴天石的聲音，立時高躍而起，厲聲喝道：「是我，你怎麼了？」

這時北風略減，只見巴天石倒在雪地上，雪地上染了一片劇烈驚心的紅！

只聽巴天石掙扎著道：「我……背後……有人用暗器……」

追命忙翻過他的身子一看，只見背後果真有三個小孔，血汩汩淌出，哪裡還有暗器在？

不管用什麼暗器射入人體，總會有證據留下來，而巴天石中的暗器卻消失不見，與反物質的特徵是非常吻合的。假如敵人確實用了反物質，追命當然查看不出來。甭說用肉眼觀察，就算他把傷者推進醫院手術室，用X光檢查，也不可能查到暗器的蹤影。當然，武俠世界中並沒有反物質武器，後續情節顯示，巴天石中的暗器其實是三根冰條，冰條遇熱融化，所以才會消失不見。

現實世界中有沒有反物質武器呢？非常慶幸，暫時還沒有。

人類第一次在實驗中證明反物質存在，那是二十世紀三十年代初的事情，如今八十年過去了，我們的技術還停留在只能用高能粒子加速器製造極少量反粒子這個階段，而且製造出來的反粒子很快湮滅，不能長期保存。二〇一一年六月，歐洲核子研究中心（European Organization for Nuclear Research）成功製造出幾十個反氫原子，並用磁場將這些反粒子的存續時間延長到一千秒，這已是人類目前在反物質製造領域取得的最大成就。

反氫原子由一個反電子、一個反質子和一個中子構成，是結構最簡單的反原子。按照現在的發展速度，很可能十幾年後，我們才能製造出結構稍微複雜的反原子，要在幾十年後才能用反原子組合成反分子，要在幾百年後才能用反分子組合成反物質。至於開發出反物質武器，更不知道會是何年何月。

如果有那麼一天，人類科技突飛猛進，成功合成出一個由反物質有機體組成的反人類，我們興奮歸興奮，千萬不要走上前去和他（她）握手，否則一正一反兩個人會在接觸的一剎那同歸於盡、煙消玉殞，同時釋放出逆天的能量，說不定能將這顆星球炸成兩半！

天下第七的核武器

既然製造反物質這麼難，反物質又有這麼大的危險，我們還是退而求其次，回到效率不太高的質能轉化道路上吧。

所謂「效能不太高」的質能轉化，主要是指核裂變和核聚變。

原子核由中子和質子組成，一個原子核包含的中子和質子數量愈多，質量就愈重。如果用中子去轟擊一個重原子核，它會分裂成兩個或多個較輕的原子，同時總質量變小，釋放出能量，這個過程就是核裂變。如果對質量較輕的原子施以極高的溫度和極高的壓力，兩個輕原子會組合成一個較重的原子，同時總質量變小，釋放出能量，這個過程就是核聚變。

之所以說核裂變與核聚變轉化能量的效率不太高，是和前面說過的正反物質相遇、質量百分百轉化能量那種極端狀態相比而言。如果與燃燒相比，核裂變與核聚變的能量轉化效率可就高得多了。

一九四五年八月六日，日本廣島發生的那場原子彈爆炸屬於核裂變，只有五十公斤鈾元素參與能量轉化，結果產生了五十萬億焦耳的能量，衝擊波造成的風速是十二級颱風的十倍，氣壓是正常大氣壓的幾十萬倍，爆炸中心的氣溫高達十億度。

一九五四年三月一日，美國在比基尼島試驗成功的那次氫彈爆炸屬於核聚變，只有幾公斤人工合成的化合物氘化鋰參與能量轉化，質量很小，但是威力更大，是廣島原子彈的五、六百倍。

即使沒有人類製造的原子彈和氫彈，自然世界也一直在進行著核裂變與核聚變。地球內部無時無刻不在產生熱量和發生地震，能量主要來源於地球深處放射性元素的核裂變。太陽無時無刻不在輻射能量、散發高溫、為我們食用的植物、使用的燃料提供能量，而這些巨大能量全部源自於太陽內部氫元素的核聚變。

武俠世界中有沒有發生過核裂變與核聚變呢？應該也是有的。

讓我們翻開溫里安《一怒拔劍》第四十三章，找到王小石與天下第七鬥劍那一段：

「天下第七」解開了他的包袱。

千個太陽——

在手裡。

他手裡有千個太陽。

在這生死存亡一髮間，王小石是疑多於驚。

「天下第七」確是使出了殺手。

可是他的出手仍是慢了一慢，緩了一緩。

這一慢一緩間，要比剎那之間還短，可是，溫柔的「瞬息千里」已然展動。「天下第七」已擊不中她，王小石也及時把對方的攻勢接了下來。

——究竟是「天下第七」出手慢了，還是溫柔的輕功太快？

王小石不知道。

他只知道以「天下第七」，絕不會放棄那樣一個稍縱即逝的大好機會的。

——除非他不想真的殺死溫柔。

——怎麼會？

王小石已不能再想下去。他什麼也不能想，甚至可能以後也不能想東西了。一個已失去生命的人，還能想些什麼。

王小石絕不想死。他還有太多的事要做。

「天下第七」的殺手鐧一旦展動，包袱一旦開啟，王小石的「君不見」刀劍互動之法，馬上受到牽制。

如果他要搶先把攻勢發出去，只有傷著溫柔。溫柔一走，「天下第七」的太陽已到了王小石眼前。

先勢已失。

王小石只有硬拚，或退避，退避的結果仍是避不掉。

——誰能追到太陽，避過陽光？既不能避，硬拚又如何？

可是王小石卻在此時，發現了一件事：

他還沒有看清楚「天下第七」包袱內的事物，但已經可以肯定，那件事物，只要跟「天下第七」的功力合在一起，就可以把原來的功力或利器的威力，再增加提升一百倍，甚至超過一百倍的力量！

——這到底是什麼東西？

王小石已是別無選擇了，他只有避，直避入棗林裡。

「天下第七」追入棗林，強光也追入棗林，就像是太陽落入了棗林，整個林子都似燒著了一般燦亮了起來。

「天下第七」即時肯定了一件事情：就算王小石避入棗林，還是躲不掉。

王小石躲不掉太陽的威力。

可是王小石一入棗林，就做了一件事。

凡他經過之處，雙掌必揮，樹上棗子急落如雨。

箭雨。

因為那些棗子都變成了暗器。

王小石的石頭，就在這一刻裡，竟變成了棗子。

「天下第七」要擊中王小石，他自己也得要被棗子打成千瘡百孔。

——要傷害一個人，首先自己也得要付出點代價。

——可是當那代價是死亡的時候，你還願不願意付出？

王小石再步出棗林的時候，溫柔和張炭都愣住了。

王小石居然還沒有死。

——他還活著。

——可是極度疲倦。

——極度疲倦地活著，仍是活著。

——只要一個人仍能活著，就是件好事，可是世上的人總是忘了這件每天都該慶祝的好事。

——難怪有人說：人總是對已經得到的不去珍惜，而去愛惜那希望得到的。

王小石也驚魂未定。

說起來，他和「天下第七」真正交手，只有一招。

那是在溫柔施展輕功的剎那，他發出「君不見」一招為始，直至「天下第七」不想為了殺他而硬挨千百顆棗子，故而把那一記「勢劍」，回掃棗林，在那一瞬間，棗樹林幾乎成了光禿禿的。

天下第七是一個非常可怕的殺手，「天下第七」是他的綽號，意思是說他在所有高手中排名第七。溫里安小說中多次提到這個人，他的特徵是高高瘦瘦，臉色灰暗，不苟言笑，背上背著一個又老、又黃、又破、又舊的包袱。這個包袱裡裝的不是書、不是錢，更不是化妝品，究竟是什麼東西，從來沒有人真正看見過。反正只要他解下包袱，有經驗的高手立刻如臨大敵。只要他把包袱打開，就「變得光芒萬丈」，「彷彿有千個太陽在手裡」，「劍氣之盛，足以掠奪一千條蓬勃的生命。」王小石是絕頂高手，仍然抵擋不住包袱的威力，只好使出圍魏救趙之計，用棗林裡的棗子當作暗器，向天下第七的臉上發射。天下第七不願毀容，被迫用包袱「回掃棗林」，「在那一瞬間，棗樹林幾乎成了光禿禿的。」

無論看文字描述，還是看實際威力，天下第七包袱裡包裹的都像是小型核武器，否則不可能這樣嚇人。

核武器分為兩種，一種靠核裂變釋放能量，例如原子彈；一種靠核聚變釋放能量，例如氫彈。氫彈重量更輕，威力更大，但是發生爆炸的難度更高——需要外界施加幾千萬度的高溫，才能讓核外電子擺脫原子核的束縛，使兩個原子核碰撞到一起，聚合為新的原子核。迄今為止，美國、蘇聯和中國試驗成功的氫彈都是用原子彈爆炸產生的超高溫來引爆的。氫彈加上原子彈，體積至少比人要大，重量至少在幾十噸以上，天下第七的包袱無論如何裝不下這麼大的武器。就算裝得下，他也未必背得動。

如果說天下第七攜帶的是一枚原子彈，道理上同樣說不過去。因為原子彈一旦開始爆炸，就無法再繼續控制其反應過程，巨大衝擊波、各種形式輻射、億萬度高溫，從爆炸中心向四周同時擴散，敵人化成了灰燼，天下第七豈可倖免？

從使用次數上分析，每一枚原子彈都只能爆炸一次，而天下第七的包袱卻可以一直使用，從來沒見過他換過其他牌子的包袱，也沒見過他往包袱裡裝入新的東西，說明他的武器可以持續使用，彷彿永動機或者可再生能源，這也不符合原子彈的特徵。

比較合理的解釋，天下第七包袱裡裝的應該是一種反應爐，一種小型的核裂變反應爐。

鋼鐵人的反應爐

像原子彈一樣，核裂變反應爐也是靠原子核的裂變反應釋放能量，只是反應過程比較緩慢，可以控制。

現在人類可以掌控的核裂變，主要是鈾核裂變。一個鈾核經過裂變，可以產生兩個或更多中子，這些中子會使更多鈾核發生裂變，進而產生更多中子，引發更多裂變……這種反應一旦開始，將永不停息，直到所有鈾核完全裂變為止，我們稱之為「鏈式反應」。

為了控制鏈式反應的速度和溫度，要用硼、鎘等元素製成控制棒，插入反應堆，吸收鏈式反應中的多餘中子。想讓反應爐釋放的能量多一些，就把控制棒插入得深一些；想讓反應爐釋放的能量少一些，就把控制棒插入得淺一些；如果將控制棒完全插入，中子會被完全吸收，鏈式反應就停止了。

萬一控制不住鏈式反應，反應爐裂變過快，或局部溫度過高，都可能產生核爆炸，釀成不可估量的災難。一九八六年烏克蘭車諾比核電廠爆炸、二〇一一年日本福島第一核電廠爆炸，都是鏈式反應失去控制造成的。核電廠爆炸能給我們帶來多大災難呢？大家可以透過無人機空拍，觀察至今荒廢的車諾比城，或是回想二〇一一年日本福島核電廠事故新聞傳到中國以後，中國居民搶購食鹽的瘋狂場面。

想要多吃鹽來抵抗核輻射，純屬徒勞，只會因為攝取過多鹽分造成脫水。反應爐可能產生的有害輻射，一是中子流，二是γ射線（伽馬射線），三是β射線（貝塔射線），四是熱輻射。為了阻擋這些輻射，反應堆和大多數輔助設備外面必須設置遮罩層。

輻射類型不同，穿透能力也不同。β射線是電子流，容易阻擋。熱輻射阻擋更容易，做好降溫工作就OK了。中子流在速度很快的時候，穿透力極強，快中子幾乎無法阻擋，好在反應堆有輕水、重水、石墨等物質當慢化劑，中子速度較慢，用硼元素的穩定同位素硼10做一個遮罩層，即可吸收慢中子，放出α粒子（阿爾法粒子）。α粒子非常容易遮擋，甚至無法穿透一張紙。最後還剩下能量極高的γ射線，只能被鋼筋混凝土或純鋼做的罩子遮蔽，並且要加上冷卻水管，因為γ射線本身帶有很高的熱量，不冷卻的話，純鋼也會慢慢熔化。

控制了鏈式反應，遮蔽了有害輻射，反應爐在掌控下安全運行，持續釋放著能量。現在還需要設計一個迴圈轉化系統，透過水、水蒸氣、石墨、液態金屬等媒介，將反應爐的能量安全轉移到輻射遮罩層外面，驅動蒸氣機、發電機、電動機、雷射發射器、衝擊波生成器等設備，達成我們希望達成的目的，例如發電、噴火、飛行、航太、扔炸彈，或踹人、舉重、抱孩子、扶老奶奶過馬路。

天下第七那只包袱，十之八九是一個反應爐，一個功能單一的反應堆，一個只能將核能量轉化為強光、爆炸、衝擊波的反應爐。他唯一的目的，只是殺人。

核輻射也能殺人，既然天下第七只為殺人，直接用核輻射殺人不就行了嗎？幹嘛還要搞什麼遮罩層和能量轉化呢？這裡面有兩個不得不考慮的問題：第一，核輻射是不定向的，如果直接用核輻射殺人，天下第七也會被殺；第二，反應爐一直在工作，一直在釋放能量，而天下第七並不是一直在殺人，他需要一個能量轉化系統將反應爐的能量轉移並儲備起來，在必要的時候才釋放。

與天下第七相似，漫威旗下超級英雄「鋼鐵人」（Iron Man）身上也有一個小型反應堆，也是依靠核能量殺人和自衛。兩人不同之處在於：天下第七是壞蛋，鋼鐵人是英雄；天下第七的反應堆背在身後，鋼鐵人的反應堆安在胸口；天下第七的反應堆功能單一，鋼鐵人的反應堆功能複雜。大家抽空可以重溫《鋼鐵人》系列電影，小勞勃・道尼（Robert Downey Jr.）在影片裡東征西討、上天入地、發光噴火、玩槍弄炮，集各種超能力於一身，能量全部來源於他胸前那個巴掌大的小型方舟反應爐。

方舟反應爐可能是裂變爐，也可能是聚變爐。電影《鋼鐵人》中的反應堆用金屬鈀的放射性同位素做燃料，鈀在元素週期表中順序偏後，不太可能實現聚變，所以鋼鐵人的方舟反應爐應該是裂變爐，就像當今世界上所有核電廠一樣，靠裂變產生能量。

曾有科學愛好者認定鋼鐵人使用的是冷聚變反應爐，但是到今天為止，我們只能在超高溫條件下製造熱聚變，冷聚變僅僅是一種猜想。還有人謠傳，一個名叫泰勒·威爾森（Taylor Wilson）的美國天才在十四歲那年就建造了核聚變反應爐，在十九歲那年又發明了小型核聚變反應爐。事實上，這位少年天才發明的只是一塊核電池，離聚變反應爐還差十萬八千里。

人類科技水準還遠遠落後於安全利用聚變反應爐的程度。無論美國還是中國，聚變反應爐都處於實驗階段，小型聚變反應爐更是處於理論研究階段。在包袱那樣的狹小空間內控制億萬度高溫，遮蔽有害輻射，轉化聚變能量，安全利用核能，而且還能像手機一樣隨身攜帶，如此逆天的黑科技，我們有生之年未必見得到。武俠歸武俠，物理歸物理，理想歸理想，現實歸現實，千萬不可等而視之，更不可將謠言當成科技。

謠言無處不在，根源在於無知。最近幾年與科技有關的謠言主要集中在兩個領域，一是基因工程，二是核輻射。轉基因屬於生物科技範疇，與我們這本物理科普書沒有關係，下面簡單說說核輻射。

所謂「輻射」，是指物體向外發射粒子或者電磁波的現象。謠言無處不在，輻射也無處不在。謠言會給無知者帶來危害，而這顆星球上絕大多數輻射對人體是無害的，甚至是有益的。就拿陽光來說，它是太陽核聚變反應發射的電磁波，不僅是輻射，而且是核輻射。可是難道有人會說陽光對人體有害嗎？離開陽光這種輻射，人類肯定完蛋。再比如說燃燒，所有物質的燃燒在本質上都是熱輻射。如果要遠離熱輻射，我們的祖先就不應該學會用火，大家一起茹毛飲血好了。

我們吃的食物、喝的清水、泡的溫泉、住的房子、乘坐的飛機、使用的手機、抽的菸、喝的酒、穿的衣服，無時無刻不在進行熱輻射。只要一個物體溫度超過絕對零度（攝氏零下二百七十三．一五度），就一定有輻射；而熱力學第三定律告訴我們，這個世界上所有物體溫度都超過絕對零度。包括我們的身體都在輻射，除了熱輻射，身體內一部分的鉀元素和碳元素屬於放射性物質，每秒鐘都在進行原子衰變，輻射出一些粒子，但這種輻射並不會產生任何危害。

很多朋友擔心電腦輻射危害健康，聽信謠言，在辦公桌上放仙人掌。其實電腦輻射強度是暮春時節溫暖陽光輻射強度的幾百分之一，如果不怕晒太陽，就沒必要擔心電腦輻射。而如果擔心電腦輻射，就應該穿上太空人造價幾千萬美元的專業太空服，或建造一堵鋼筋混凝土厚牆，將自己與電腦完全隔絕。仙人掌以及其他任何植物都無法完全阻擋電磁波，除非用幾百盆仙人掌把電腦埋起來。當然，用完電腦洗把臉還是有好處的，一是可以緩解疲勞，二是可以洗掉面部靜電吸附的微塵，有助於美白。

有些老太太擔心媳婦會因為電子輻射流產，不敢使用微波爐，不敢看電視，強行要求鄰居關閉WIFI。其實這些家用電器的輻射強度還不及傳統壁爐熱輻射的萬分之一，除非老太太變態到把媳婦關進微波爐，否則完全不用擔心胎兒發育。恰恰是過於擔心胎兒發育，頻繁讓媳婦到醫院照超音波，這種行為才是真正有害的。

核輻射比上述輻射強烈得多，原子彈爆炸與核電廠洩露讓人談核色變，有情可原。但是只要核電廠正常運行，沒有發生洩露事故，住在核電廠隔壁也會很安全。前面說過，核反應爐外面有遮罩層，可以隔絕一切有害輻射。香港天文臺連續二十年對深圳大亞灣核電廠的輻射影響進行監測，證明核電廠周邊空氣、水質與海洋生物沒有受到任何來自核輻射的影響。如果在核電廠附近十公里範圍內居住一年，所吸收的輻射量大約是每年〇．〇一毫西弗，相當於坐一個小時飛機受到的輻射量。

運動會增加體重嗎？

科學能擊碎謠言，有時候也能擊碎常識。一個質量極小的物體竟然能產生極大的能量，物質與反物質相遇竟然會一起消失，世間萬物竟然都在產生輻射，這些都是科學結論，都違背我們的常識。

根據愛因斯坦的狹義相對論，違背常識的事情還多著呢！

《天龍八部》中有一位馬夫人，心狠手辣，貌美如花，自負美貌天下第一，臨死還要照一照鏡子。她之所以能看見鏡子裡的自己，是因為有光從她臉上發出來，射到鏡面上，再反射到她的眼睛裡，被她的視覺神經所感知。現在假設她為了躲避敵人的追殺，一邊跑一邊照鏡子，光反射到她眼睛的時間會不會延遲呢？

從月球到地球，光要走一秒多鐘。從太陽到地球，光要走八分多鐘。從鏡子到馬夫人的臉，光要走幾億分之一秒鐘。幾億分之一秒當然很短，但再短的時間也是時間，按照常識，馬夫人跑得愈快，反射光相對於她的速度就會愈慢。如果您不理解這一點，不妨將反射光當成一顆從高速飛行的戰鬥機上向機尾射出的子彈，飛機往前飛得愈快，子彈往後飛得愈慢。如果馬夫人的速度與光速相同，反射光將一直「停留」在她前面，無法進入她的眼睛，她將再也看不到鏡子裡的自己。這就好比飛機的速率與子彈的速率一致時，向後發射的子彈會「懸」在那兒不動一樣。

愛因斯坦做過類似的設想，並做了精確的理論推算。結果他發現，不管一個人跑得有多快，光相對於人的速度都不會變，平常能在鏡子裡看見自己，以光速奔跑時仍然能在鏡子裡看見自己。如果我們坐在一個〇．五倍光速上升的火箭上，打開手電筒往上照，手電筒發射光的速度並非一．五倍光速，而是原來的光速。如果我們將手電筒往下照，光仍然是原來的速度，而不會減小到〇．五倍。

最近幾十年來，物理學家的實驗結果不斷證明，愛因斯坦是正確的，他提出的狹義相對論中第二個基本假設是正確的，即在不同的慣性參考系中，光速保持不變。

我們生活的這個宇宙很可能正在加速膨脹，離我們愈遠的星系，飛離的速度愈快，快到超過光速，以至於那些星系發出的光永遠不可能被我們看到。但是在那些星系上，光速仍然恆定不變，仍然遵守狹義相對論的第二個基本假設。

再說一個根據狹義相對論推導出的物理定律：物體運動時，相對靜止的觀察者會發現，沿著運動方向的長度比該物體靜止時要短。

您手持一把寶劍，劍長三尺，以迅雷不及掩耳之勢向我刺來。我完全不顧自身安危，拿出一臺足夠精密的測量儀器，在這把劍刺進我的身體之前，準確測量出劍的長度。我會發現，您的劍變短了，它縮短了億萬分之一公尺。

您以〇・五倍的光速向我衝來，我非常冷靜，巋然不動，繼續用那臺夠精密的儀器測量您的腰圍。測量結果顯示，您變瘦了，腰圍變成了原先的〇・八七倍。為什麼會是〇・八七倍呢？因為狹義相對論的推導公式表明，物體在運動中的長度，取決於運動速度與光速的比值。這個公式稍微複雜，需要用到開根號和平方計算，對數學感興趣的朋友可以在網路上找到這個公式，自己動手算一算。

狹義相對論還有一個關於運動質量的推導公式，證明物體在運動時的質量總要大於它在靜止時的質量。假設一個成年男子重八十公斤，他以〇・五倍光速奔跑，質量將變成八十公斤的一・一五倍，即九十二公斤。具體的推導公式與計算方法，在網路上也可以找到。

運動會讓物體長度變短，不是因為空氣摩擦，不是因為壓力變大，更不是因為測量上出現了誤差。就像剛才舉的例子，您以〇・五倍光速奔跑，腰圍突然減小，整個人變細了，並非運動瘦身的結果，只是因為物理定律就是如此。

運動會讓物體質量增加，也不是因為空氣阻力導致測量資料上的偏差，更不是因為運動消耗能量，飯量大增，回家多吃了幾碗飯，故此才導致身體增重。即使一個人躺在運動中的太空船裡睡大覺，他的體重仍然會增加。

多運動不是能減肥嗎？怎麼反過來增加體重呢？為了保持身材，以後是不是不要運動了呢？其實完全不用擔心。

第一，我們在日常生活中運動速度太慢，與光速相比，可以忽略不計，增加的質量非常小，小到用現有測量儀器完全測不到。比如我們以每秒十公尺的速度狂奔，質量僅會增加○．○○……○○一倍，省略中的○還有很多，寫滿這頁紙都寫不完。

第二，一旦運動結束，質量還會恢復到原來的狀態。未來某一天，我們乘坐○．九倍光速的太空船在太空旅行，每個人都會增重五倍以上。等到飛回地球，大家還是原來的樣子，既沒有增重，也沒有減重。現實生活中，返回地球的太空人一般都會發現自己比以前瘦，這是新陳代謝異常造成的，與運動無關。

運動愈接近光速，長度會愈短，質量會愈大。當我們以光速運動，其他觀察者會發現我們腰圍縮減到無限小，體重增加到無窮大。幸好在這個宇宙中，任何有質量的物體都只能接近光速，永遠不可能以光速運動。光子為什麼能以光速運動呢？因為它們都是一小團、一小團的能量包，沒有質量。

老頑童的時間軸

現代人都不喜歡衰老，女性尤其不喜歡。趙雅芝小姐年過六十，依然保持青春活力，讓所有女生非常羨慕，咬著手指喊人家「凍齡美女」。劉德華年過五旬，還是像三十歲的年輕人那樣陽光帥氣，同樣令絕大多數老男人自慚形穢，渴望自己也能掌握返老還童的祕訣。

大家不要憂傷、不要著急，延緩衰老的祕笈，現在來了！

這條祕笈同樣來自愛因斯坦的狹義相對論，可以用文字表述如下：物體在運動時，相對靜止的觀察者將發現，該物體經歷的時間比自己慢。

來，讓我們再次坐上那艘超級無敵的太空船，以〇．五倍光速飛行。時間不斷流逝，一天過去了，兩天過去了，每天都是二十四小時，每小時都是六十秒，我們既沒有感覺到時間變快，也沒有感覺到時間變慢。但是地面上的觀察者卻會看到（如果他可以看到那麼遠），飛船上的時間變長了，每天不再是二十四小時，而延長到了二十八小時，每小時也不再是六十秒，而延長到了七十秒。如果飛船上發生內訌，您朝我左臉打了一拳，這一拳用了一秒，地面上觀察者看到的卻是一．一五秒。從他的角度觀察，您的動作變慢了，我閃躲的速度也變慢了，彷彿按下慢速播放鍵的畫面。

再者，這艘飛船繼續加速，以○．九倍光速飛行，從地面上觀察，我們經歷的時間會更慢。每天二十四小時將延長到一百二十六小時，每小時六十秒將延長到三百一十六秒，你打我那一拳所經歷的時間也將從一秒變成五．二六秒。

總而言之，飛船愈接近光速，時間就變得愈慢。當飛船完全等於光速時，時間似乎完全靜止了，從地面觀察飛船，歷史的長河不再流動，我們的人生突然定格，十八歲的美少女永遠十八歲，五十歲的老帥哥永遠五十歲，從此我們青春永駐，永遠不會老。

金庸筆下有一位老頑童周伯通，從《射鵰英雄傳》一直活到《神鵰俠侶》。郭靖少年時，他就是活潑可愛的老頭，幾十年以後，連後生小子楊過都成長為一代名俠，他還是活潑可愛的老頭。《神鵰俠侶》第三十四回，老頑童已是百歲老人，活力猶勝當年：

楊過道：「這位鵰兄不知已有幾百歲，牠年紀可比你老得多呢！喂，老頑童，你怎地返老還童，雪白的頭髮反而變黑了？」周伯通笑道：「這頭髮鬍子，不由人作主，從前它愛由黑變白，只得讓它變，現下又由白變黑，我也拿它沒法子。」郭襄道：「將來你愈變愈幼小，人人見了你，都拍拍你頭，叫你一聲小弟弟，那才教好玩呢。」

周伯通一聽，不由得當真有些擔憂，呆呆出神，不再言語。其實世間豈真有返老還童之事？只因他生性樸實，一生無憂無慮，內功又深，兼之在山中採食首烏、茯苓、玉蜂蜜漿等大補之物，鬚髮竟至轉色。即是不諳內功之人，老齒落後重生，節骨愈老愈健之事，亦在所多有。周伯通雖非道士，但深得道家沖虛養生的要旨，因此年近百齡，仍是精神矍鑠，這一大半可說是天性使然。

其實首烏和茯苓都有微毒，經常服用不但不能延年益壽，還會導致中毒。老頑童駐顏有術，一是心態好，天生樂天派，永遠無憂無慮；二是愛運動，一時一刻都停不下來。戶樞不蠹，流水不腐，運動是延緩衰老的最好方式，比吃任何靈丹妙藥都管用。

當然，我們日常生活中的運動速度太慢，雖然有益身心，卻不能讓時間變慢。準確地說，是不能讓時間明顯變慢。前面不是做過計算嗎？以〇．五倍光速運動，時間才變慢一．一五倍。〇．五倍光速是多少？每秒將近十五萬公里，是跑步速度的幾千萬倍！即使我們拿出終生時間去跑步，也不能讓時間變慢一毫秒。

所以，還是開開心心運動好了，既不要奢望壽與天齊，也不用擔心運動會擾亂這個世界的時間軸。放心，不管我們如何運動，時間的方向和尺度都不會變，現世安穩，歲月靜好。

小龍女的不老祕訣

愛因斯坦先提出狹義相對論，後來又提出廣義相對論。狹義相對論可以推導出許多反常識的結論，例如運動讓時間變慢、質量增加、長度縮短；廣義相對論也可以推導出許多反常識的結論，例如強引力場讓光線彎曲、時間變慢。

地球吸引著多達幾十億人的人類，吸引著厚達幾千公里的大氣層，吸引著拋出的石頭、射出的子彈、飛出的導彈，吸引著繞地公轉的月亮和各種人造衛星，它的引力非常強大。但是放在整個宇宙空間，地球只是一粒微不足道的微塵，比它大得多的引力場多的是。

牛頓認識到引力與兩個物體的質量和距離有關；質量愈大，引力愈大；距離愈遠，引力愈小。愛因斯坦更進一步指出引力不過是空間的彎曲，而空間（包括時間）很可能只是質量的某種屬性。每一個物體都有質量，每個物體都能讓空間發生彎曲，進而在形式上表現為引力場。你、我、他，郭靖、黃蓉、老頑童，每個人都有質量，每個人都在產生引力場。只是我們的質量太小、引力場太弱，無法感知也無法測量。大質量天體就不同了，例如比地球重幾十萬倍的太陽，比太陽重幾十萬倍的超巨星，它們讓時空發生明顯的彎曲，光線經過時會出現明顯的偏折，時間流逝會明顯變慢。

按照牛頓的萬有引力定律，引力除了受質量影響，還受距離的影響。天體的體積愈小，從表面到其幾何中心的距離就愈短，這種天體附近的引力場自然就愈強。比如有一種緻密天體白矮星，質量與太陽差不多，體積卻與地球相似，平均密度在太陽密度的十萬倍以上，引力場遠超過太陽，時空彎曲得非常厲害。如果我們能在這種天體上正常生存，時間將明顯變慢，壽命也將相應地明顯延長。

引力場有強弱，時間流逝有快慢，中國古典文學作品中早有相應「證據」。《西遊記》第四回，孫悟空在天宮待了半個月，不滿玉皇大帝封他的官職，回到花果山老家，猴子猴孫都道：「恭喜大王，上界去十數年，想必得意榮歸也？」悟空很詫異：「我才半月有餘，那裡有十數年？」眾猴趕忙為他解釋：「大王，你在天上不覺時辰，天上一日，就是下界一年哩！」從廣義相對論角度來分析，天宮一定是超級緻密的大質量天體，不然時間流逝的速度不會比凡間慢那麼多。

大質量天體會慢慢塌縮，塌縮速度愈來愈快，直到某一刻，突然變成密度無限大、體積無限小、引力場無限強的奇怪東西，物理學上稱為「黑洞」。黑洞可以吸引一切光線和物體，時空被它無限扭曲，時間在它的引力場中變得無限長。如果人類能在黑洞中生活，也許會像《鹿鼎記》中神龍教主渴望的那樣：仙福永享，壽與天齊，千秋萬載，一統江湖。不過十有八九，我們抵抗不住黑洞的引力，在距離黑洞還很遠的時候，就被引力扯成碎片。

《神鵰俠侶》第三十九回，楊過跳下絕情谷，在谷底找到十六年來日思夜想、魂牽夢縈的小龍女，他發現自己比小龍女老了許多：

兩人呆立半晌，「啊」的一聲輕呼，摟抱在一起。燕燕輕盈，鶯鶯嬌軟，是耶非耶？是真是幻？

過了良久，楊過才道：「龍兒，妳容貌一點也沒變，我卻老了。」小龍女端目凝視，說道：「不是老了，是我的過兒長大了。」

小龍女年長於楊過數歲，但她自幼居於古墓，跟隨師父修習內功，屏絕思慮欲念。楊過卻飽歷憂患，大悲大樂，因此到二人成婚之時，已似年貌相若。

那古墓派玉女功養生修練，有「十二少、十二多」的正反要訣：「少思、少念、少欲、少事、少語、少笑、少愁、少樂、少喜、少怒、少好、少惡。行此十二少，乃養生之都契也。多思則神怠，多念則精散，多欲則智損，多事則形疲，多語則氣促，多笑則肝傷，多愁則心懾，多樂則意溢，多喜則忘錯昏亂，多怒則百脈不定，多好則專迷不治，多惡則焦煎無寧。此十二多不除，喪生之本也。」小龍女自幼修為，無喜無樂，無思無慮，功力之純，即是師祖林朝英亦有所不及。但後來楊過一到古墓，兩人相處日久，情愫暗生，這少語少事、少喜少愁的規條便漸漸無法信守了。婚後別離一十六年，楊過風塵飄泊，闖蕩江湖，憂心悄悄，兩鬢星星；小龍女卻幽居深谷，雖終不免相思之苦，但究竟二十年的幼功非同小可，過得數年後，重行修練那「十二少」要訣，漸漸的少思少念，少欲少事，獨居谷底，卻也不覺寂寞難遣，因之兩人久別重逢，反顯得楊過年紀比她為大了。

小龍女十六年不見老，得益於她少思寡欲的性情，也得益於絕情谷底的引力場——絕情谷深達百餘丈，距離地心更近，引力更強，時間流逝得更慢。楊過在地面上生活，當然老得比她快一些。

有必要說明，絕情谷不是黑洞，那裡的引力場只比地表強一點點，時間只比地表慢一點點，小龍女和楊過的時間軸不可能相差十六年那麼多。

還有必要說明，即使小龍女身處黑洞，時間完全靜止，也只是外界觀察者趴在谷口看到的表象。在她自己看來，十六年還是十六年，既沒有增一秒，也沒有減一秒。不管外界觀察者按下快轉鍵還是慢放鍵，都不會對她產生影響。她在谷底經歷的，依然是漫長的等待、甜蜜的相思、地久天長的山盟海誓。

第三章

- $W = \vec{F} \cdot \vec{d}$，W 表示功，$\vec{F}$ 表示作用力的向量，$\vec{d}$ 表示位移。
- 重力位能 $U = mgh$，m 為物體質量，g 為重力加速度，h 為物體高度。
- 動能 $K = \frac{1}{2} mv^2$，m 為質量，v 為速率。
- 動量 $p = mv$，m 為質量，v 為速度。由於 v 是向量，因此 p 也是向量。
- 衝量 $J=F \cdot t=\Delta p$，F 為作用力，t 表示時間，Δp 表示動量變化。
- 自由落體下落的距離 $X = \frac{1}{2} gt^2$。

附錄

公式整理

第一章

- 牛頓第二運動定律：$F = ma$。F 代表力，單位為牛頓；m 為質量；a 為加速度。

第二章

- 萬有引力公式：$F = G\frac{m_1m_2}{r^2}$。F 表示引力，G 為萬有引力常數，m_1 和 m_2 分別為兩物體質量，r 表示兩物體間距離。
- 向心力可以 $F = mr\omega^2$ 計算，m 表示質量，r 表示半徑，ω 表示角速度。

LEARN 034

誰說不能從武俠學物理？

作　　者—李開周
主　　編—邱憶伶
責任編輯—陳劭頤
責任企畫—葉蘭芳
封面設計—海流設計
封面插畫—GUMA HSU
內頁設計—張靜怡
總 編 輯—李采洪
董 事 長—趙政岷
出 版 者—時報文化出版企業股份有限公司
一〇八〇一九臺北市和平西路三段二四〇號三樓
發行專線—（〇二）二三〇六—六八四二
讀者服務專線—〇八〇〇—二三一—七〇五
（〇二）二三〇四—七一〇三
讀者服務傳真—（〇二）二三〇四—六八五八
郵撥—一九三四四七二四時報文化出版公司
信箱—一〇八九九臺北華江橋郵局第九九信箱
時報悅讀網—http://www.readingtimes.com.tw
時報出版愛讀者—http://www.facebook.com/readingtimes.fans
法律顧問—理律法律事務所　陳長文律師、李念祖律師
印　　刷—紘億印刷有限公司
初版一刷—二〇一八年一月十二日
初版五刷—二〇二一年九月八日
定　　價—新臺幣三二〇元

時報文化出版公司成立於一九七五年，
一九九九年股票上櫃公開發行，二〇〇八年脫離中時集團非屬旺中，
以「尊重智慧與創意的文化事業」為信念。

誰說不能從武俠學物理？／李開周著. -- 初版. -- 臺北市：
時報文化, 2018.01
264面；14.8×21公分. --（LEARN；34）

ISBN 978-957-13-7272-3（平裝）

1. 物理學　2. 通俗作品

330　　　　106024252

ISBN 978-957-13-7272-3
Printed in Taiwan